知識ゼロから楽しく学べる！

ニュートン先生 の 天気 講義

はじめに

　「天気」は，私たちの生活にとても身近なものです。「今日は天気がいいから布団を干そう」といったささやかなことから，「台風」や「集中豪雨」など生命に関わるような災害まで，私たちの暮らしは天気に大きな影響を受けています。

　そのため，人類は長い歴史の中で，暮らしを大きく左右する"天気の秘密"を何とかして読み解こうと，努力を重ねてきました。それが集積したものが，現在の「天気予報」です。

　晴れたり曇ったり，大雨が降ったり，天気はめまぐるしく変化します。その変化をもたらす鍵となるのが，地球をめぐる「風」です。風は気圧の変化で生まれ，大きなうねりとなって地球をめぐり，世界中の地域にさまざまな気候の変化をもたらします。そう，天気の変化とは，ダイナミックな大気の動きのことなのです。

　本書は，天気についてのニュートン先生の講義です。講義といってもむずかしいものではなく，先生と，科学に興味をもっている生徒の会話です。「雲ができるしくみ」に始まり，「なぜ雨が降るのか？」「集中豪雨はなぜおきるのか」「天気予報のしくみ」など，天気の秘密がたくさん詰まっています。この本を読めば，毎日の天気の変化が，より生き生きと感じられることでしょう。

　ニュートン先生の楽しい天気の講義を，どうぞお楽しみください。

目次

はじめに…3

1 時間目

「雨」や「雪」が降るしくみ

雲の正体は，水や氷の小さな粒…10

雲粒が合体して，100万倍の大きさの雨粒ができる…16

個性豊かなさまざまな雲…20

積乱雲が大雨と大雪をもたらす…24

不安定な大気が積乱雲を生む…27

温かい空気と冷たい空気がぶつかる前線…32

雪の結晶は，空からの“手紙”…37

2 時間目

天気の決め手「気圧」と「風」

天気を左右する重要要素
「低気圧」と「高気圧」…44

四つの高気圧が，日本に四季をもたらす…50

冬：シベリアからの冷たい空気が大雪を
降らす…59

春：シベリア高気圧の弱体化が
春一番をよぶ…63

梅雨：太平洋高気圧とオホーツク海高気圧が
せめぎ合う…66

梅雨明け：太平洋高気圧が梅雨前線を
追いはらう…70

秋：秋の空模様は，変わりやすい…75

地球をぐるりとまわる偏西風…79

偏西風に乗った温帯低気圧が，
西から天気をくずす…84

3 時間目

「気象災害」と「異常気象」

積乱雲が集まって台風になる…90

台風はカーブをえがいて,
日本にやってくる…96

「スーパー台風」が日本にやってくるかも
しれない…101

巨大積乱雲「スーパーセル」が竜巻を生む…106

線状降水帯が「集中豪雨」をもたらす…109

30年に1度の極端な気象を
異常気象という…114

異常気象はさまざまな要因が
からみ合っておきる…118

地球温暖化は確実に進行している…120

北極の氷が夏にはすべて溶けるかも
しれない…126

世界の気象を変える「エルニーニョ現象」…132

4 時間目

天気予報のしくみ

陸，海，空，そして宇宙から大気を観測…**138**

スーパーコンピューターで，地球の大気を
シミュレーション…**145**

計算値を翻訳して，天気予報は完成する…**149**

天気図から天気がわかる！…**154**

天気が一目でわかる天気記号…**158**

春夏秋冬の天気図を見てみよう！…**161**

温帯低気圧の一生を天気図で知る…**166**

天気図を読んで，台風に備える…**172**

専門家が使う「高層天気図」…**177**

登場人物

ニュートン先生
科学のさまざまなことを知っているやさしい先生。

ゆうと
勉強はあまり得意ではないけど科学に興味をもつ中学生。

1 時間目

「雨」や「雪」が
降るしくみ

雲はどうやってできる?

雨や雪はなぜ降るのか？　その鍵を握るのは，「雲」です。「雲」ができるしくみを知ることが，さまざまな気象のしくみを知る第一歩です。

雲の正体は，水や氷の小さな粒

◀ 先生，最近，気候がおかしくないですか。夏はめちゃくちゃ暑いし，集中豪雨の被害も増えてますよね。それに，ゲリラ豪雨とかスーパー台風とか……。最近，気候が気になってます。それで，天気予報に注目してるんですけど，わからないことも多くて。「大気の状態が不安定」ってどんな状態？　とか，台風ってなんで発生するの？　とか。そこで先生に「天気のキホン」を教えてもらえないかなと思いまして。

◀ いいでしょう！　天気のしくみをゼロからお教えしましょう。
早速ですが，ゆうとさんは毎日の生活で「天気」というと，何がいちばん気になりますか？

◀ やっぱり雨かなあ……。
急に雨が降ってきてビショ濡れとかイヤだし。

それはそうですよね。ではまず、雨を降らせる雲について見ていきましょうか。雲について知ることが、天気のしくみを知る第一歩なんです。

 雲ですかあ。小さいころ、雲にさわってみたいな〜ってよく思ってました。
フワフワして気持ちよさそうな気がして。

 ふふふ、ゆうとさんは今まで霧の中を歩いたことはあります？

 霧の中をですか？　ええ。フツーにありますけど。

 では、ゆうとさんはもう雲にさわったことがあるってことになりますね。
実は、霧とは、地面と接している雲のことなんですよ。

 えっ、そうなんですか！
知らないうちに子供の頃の夢が叶っていたわけか……。

◀ では，雲の基本的な**しくみ**から見ていきましょう。

簡単にいうと，雲というのは，水蒸気をたくさん含んだ空気が上昇して，冷えることでできます。右のイラストは，雲ができるしくみをあらわしたものです。

私たちのまわりの空気には水蒸気が含まれています。空気が含むことのできる水蒸気の量には限界があり，**気温が高いほど多くの水蒸気を含むことができ，低くなるほど逆に少なくなります。**

地上の空気のかたまりは，上空へ行くと温度が低くなるため，含むことのできる水蒸気の量はどんどん減っていきます。すると，水蒸気は"あふれて"しまうんです。

◀ あふれた水蒸気はどうなっちゃうんですか？

◀ 水蒸気として存在できなくなり，**小さな水滴**になります。

この小さな水滴を**雲粒**(くもつぶ，うんりゅう)といいます。

この雲粒が無数に集まってできるのが，雲なんです。つまり雲は，空気が冷えることでできるんです。

ちなみに，さらに上空の温度が低いところでは，**氷の粒**(氷晶)になります。氷晶については，あとからお話ししますね。

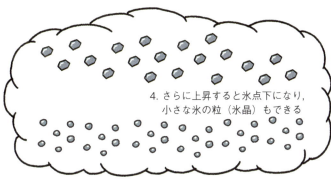

4. さらに上昇すると氷点下になり，小さな氷の粒（氷晶）もできる

3. ある温度以下になると，水蒸気が凝結して水滴（雲粒）になる。水蒸気はもともと目に見えないが，凝結して雲粒になることで，目に見えるようになる。それが集まったものが雲。

2. 上昇するにつれて気圧が下がって膨張し，温度が下がる

1. 水蒸気を含んだ空気のかたまりが上昇する

空気を冷やせば雲ができるのかぁ。
頑張れば,風呂場とかでもつくれますか？

残念ながら,そう簡単にはいかないんですよ。
水蒸気を含む空気が冷やされるだけでは,なかなか雲粒は生まれないんです。
雲粒ができるには,**雲凝結核**とよばれるものが,重要な役割を果たします。

クモギョウケツカク？

雲凝結核とは,水蒸気が雲粒になるときの**芯**になるものです。
雲凝結核になるのは,空気中に浮遊する**エアロゾル**とよばれる微粒子です。
エアロゾルの大きさは**1ミクロン(1000分の1ミリメートル)以下**で,さまざまなものがあります。たとえば,地面から吹き上げられた**土の粒子**,**海の波しぶきに含まれる塩の粒**,自動車や工場などから排出される**煙に含まれる粒子**などです。

要するに,空気中に浮かぶ**とっても小さなちり**のことなんですね。

そうです。その小さなちりを核にして,水蒸気がまとわりつくようにくっついて,雲粒が生まれるのです。

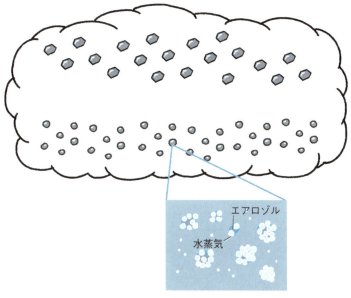

エアロゾルを芯に水蒸気が集まって雲粒になる。

へえぇ〜。でも先生，水滴とか氷の粒って，結構重そうな感じがします。
どうして雲粒は落っこちてこないんでしょう？

理由はとてもシンプルです。
雲粒が非常に**小さい**ためです。
雲粒の大きさは**直径0.01ミリメートル**ほどで，人間の髪の毛の太さの5分の1程度しかありません。これほど小さいと，雲粒の落下速度は1秒に1センチメートルほどになります。

◀ 大気中には,これをこえる上昇気流がいたるところに存在します。そのために,雲は落ちてこないんですよ。
つまり,**雲粒は落下はしていますが,落下スピードを上まわるスピードで,上空へと吹き上げられているんです。**

◀ **なるほど〜！** だから雲は浮かんでいるのかぁ！

雲粒が合体して,100万倍の大きさの雨粒ができる

◀ 水の粒でできている雲が落ちてこないのは,雲粒がとても小さいから,というのはわかりました。
でも,それじゃあ,**なぜ雨粒は落ちてくるんですか？**

◀ 雨粒は,雲粒が成長して大きくなることでつくられます。その大きさ（体積）はなんと**雲粒の100万倍以上**にもなるんです。

◀ 100万倍!?
雲粒は,どうやってそんなに大きな雨粒になることができるんでしょう？

雨粒

直径 1 〜 2mm

雲粒
・
直径 0.01mm

◀ 個々の雲粒は、周囲の水蒸気を取りこむことで成長していきます。だから、雲の中にはさまざまな大きさの雲粒があります。

◀ 全部同じ大きさではないんですね。

◀ そうなんです。その中で比較的大きな雲粒は、小さな雲粒よりも速く落下します。
大きな雲粒が落下するときには、ほかの小さな雲粒とぶつかります。すると、おたがいがくっついて、さらに大きな雲粒になるんです。
これをくりかえし、**雲粒は最終的に体積が100万倍以上の雨粒に成長するんです。**
ここまで大きくなると、もはや上昇気流があっても浮かんでいることはできません。

◀ こうして，雨粒として地上に落下するというわけです。

◀ なるほど〜！

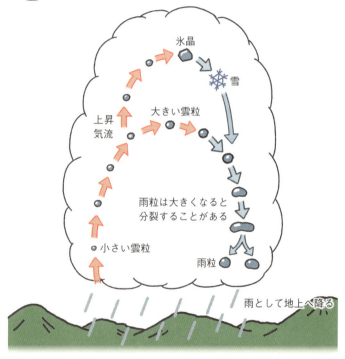

◀ ところで，雨には**暖かい雨**と**冷たい雨**の2種類があるのを知っていますか？

◀ えっ，はじめて聞きました。冷たい雨ならわかりますけど，「暖かい雨」なんて……。

お湯みたいにホカホカした雨が降ってくるんですか!?

 残念ながら、そうではないですね〜。
すべて水滴でできた雲から降る雨を「暖かい雨」というんです。
一方、高いところにある雲には、水でできた雲粒だけではなく、氷晶とよばれる氷の粒が存在します（12ページ）。
氷晶は、空気中の水蒸気を取りこんで大きくなり、雪の結晶になります。
雪の結晶が落下して、途中で溶けると雨になります。このようなしくみで降る雨のことを「冷たい雨」というのです。
「冷たい雨」「暖かい雨」は、雨水の温度を指しているわけではなく、雨のできるしくみをあらわす言葉なんですよ。

 空からお湯が降ってくるのかと思いました！

 ハハハ！　ちなみに、雪の結晶は、途中で溶けずに地上にまで届くことがあります。

 雪ですね！

 正解です！

個性豊かなさまざまな雲

◀ ところで雲って，その日の天気や季節によって，いろんなものがありますよね。**入道雲**とか**いわし雲**とか。
雲には，どのくらい種類があるんでしょう？

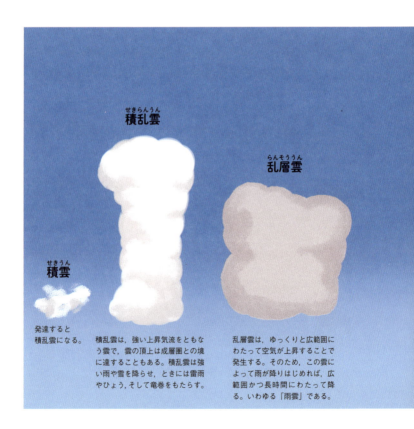

積乱雲（せきらんうん）

乱層雲（らんそううん）

積雲（せきうん）
発達すると積乱雲になる。

積乱雲は，強い上昇気流をともなう雲で，雲の頂上は成層圏との境に達することもある。積乱雲は強い雨や雪を降らせ，ときには雷雨やひょう，そして竜巻をもたらす。

乱層雲は，ゆっくりと広範囲にわたって空気が上昇することで発生する。そのため，この雲によって雨が降りはじめれば，広範囲かつ長時間にわたって降る。いわゆる「雨雲」である。

◀ **その姿や大きさなどによって，雲は大きく10種類に分類できます。**
これを**十種雲形**といいます。

◀ 10種類なんですか。ずいぶんキリのいい数ですね。

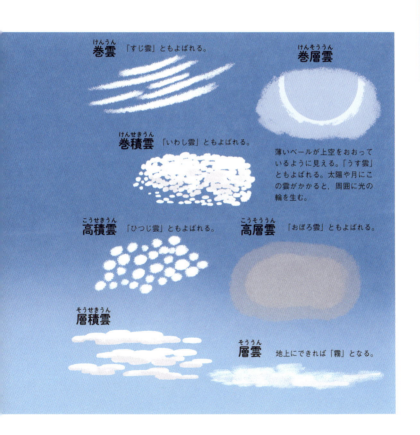

巻雲（けんうん）　「すじ雲」ともよばれる。

巻層雲（けんそううん）　薄いベールが上空をおおっているように見える。「うす雲」ともよばれる。太陽や月にこの雲がかかると，周囲に光の輪を生む。

巻積雲（けんせきうん）　「いわし雲」ともよばれる。

高積雲（こうせきうん）　「ひつじ雲」ともよばれる。

高層雲（こうそううん）　「おぼろ雲」ともよばれる。

層積雲（そうせきうん）

層雲（そううん）　地上にできれば「霧」となる。

◀ これはあくまで基本的な分類で，もっと細かく分類することもできます。

 ◀ 雲にはいろんな種類があるんですね～。
どうやって，いろいろな種類の形になっていくんでしょう？

 ◀ 雲の形や大きさは，大気中に含まれる水蒸気の量と，上昇気流の方向で決まります。
水蒸気の量がとくに多い空気のかたまりが，大きな速度で真上に上昇した場合，雲は上下，タテ方向に高く発達します。代表的なのが**積乱雲**ですね。夏によく見かける，**入道雲**です。
一方，積乱雲と同じく水蒸気の量がとくに多い空気のかたまりが，ゆっくりと斜めに上昇すると，雲は水平方向，ヨコに広く発達します。代表的なのが**乱層雲**です。

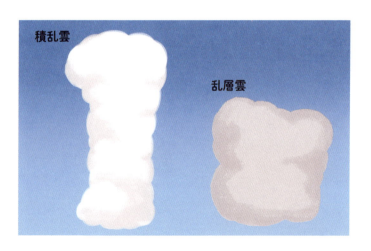

うわ〜。めっちゃ雨雲っぽいですね。

 そう！ いわゆる雨雲とは，乱層雲のことなんです。積乱雲と乱層雲は，どちらも地上に雨を降らせる雲なんですね。
積乱雲は土砂降りの雨になりやすく，乱層雲ではしとしとと長く雨が降ることが多いですね。

 この二つの雲を見たら，傘を持つようにします。
十種雲形の，ほかの雲は雨を降らせないんですか？

 ほかの雲も雨を降らせることはあります。ただ，積乱雲と乱層雲以外の雲は，空気に含まれる水蒸気の量が少ない場合にできる雲なんです。
そのため，十分な大きさの雨粒が形成されず，強い雨を降らせることはあまりありません。

積乱雲が大雨と大雪をもたらす

◀ 雲の中でも，とくに天候に大きな影響をもたらすのは，**なんといっても積乱雲**です。
先ほど説明した通り，せまい範囲に夕立のような**大雨**を降らせるほかに，**雷**，**竜巻**などの突風，**あられ**や**ひょう**などを発生させる原因となります。

◀ うわっ，**悪天候のカタマリ**ですね！

◀ <mark>梅雨の末期に大雨をもたらす雲や台風も，積乱雲で構成されています。</mark>
このように，積乱雲は時に大きな災害の原因となることがあります。でも，実はその寿命はほんの1時間ほどなんですよ。

◀ **たったの1時間!?**
なぜそんなにすぐ消えてしまうんでしょう？

◀ では，ここで積乱雲の一生を見てみましょう。
積乱雲は，何かのきっかけで**上昇気流**が発生すると生まれるとお話ししました。
<mark>**積乱雲は巨大で，水平方向の広がりは数キロ〜十数キロメートル，高さは15キロメートルに達することもあります。**</mark>そして，大きく成長した積乱雲の中では，**下降気流**が生まれます。

え？　積乱雲は上昇気流があると発生するのに，なぜ下降気流ができるんですか？

 下降気流を生む理由の一つは，雨粒が落下するときに周囲の空気を引きずりおろすためです。

 へぇ〜。
雨って水が落ちてくるだけでなく，空気も一緒に落ちてきていたんですね。

 はい。それから，積乱雲の上部では，夏でも雪ができ，それが落下の途中で溶けて雨粒になります。
先ほどふれた「冷たい雨」ですね。**その際，雪が周囲の空気から熱を奪うので，温度が下がって重くなり，下降気流が生まれるのです。**

 冷たい空気が下へ下がる，というのはなんとなく感覚でわかります。クーラーの涼しい風で足元がひんやりするのと同じですよね。

 こうして生じた下降気流は，上昇気流を打ち消すようになります。こうして積乱雲は，たった30分〜1時間で寿命を迎えて，消えてしまうのです。

 なるほど〜！

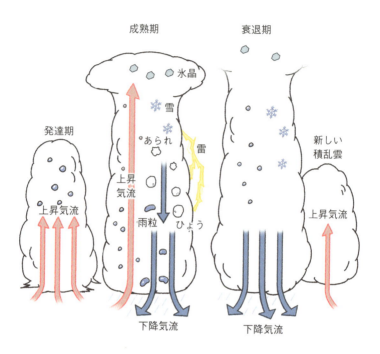

◀ ここで積乱雲の要注意ポイントを一つ。
積乱雲の中では、あられが成長するときに電気をおびるなどして、プラスとマイナスの電気が分かれることがあります。すると、雷が発生します。
そのような積乱雲は雷雲ともよばれます。もし雷鳴が聞こえたら、落雷などによる災害がおきる可能性が高まるので、すみやかに安全な車内や室内に避難しましょう。

◀ はい、そうします！

不安定な大気が積乱雲を生む

◀ 積乱雲は**要注意**だということがよくわかりました。
身の安全のため、どんなときに積乱雲ができるのか、ぜひ知りたいです！

◀ まず、大雨を降らせる積乱雲が発生したり成長したりしやすい状況のときは、**大気の状態が不安定**だといいます。

◀ あっ、**天気予報でよく聞くフレーズ**！
でも、「大気の状態が不安定」って、具体的にどういう状況なんですか？

◀ 雨を降らせる積乱雲が発達するには、地表から持ち上げられた空気のかたまりが、上昇気流となって上空へどんどん高く上がっていく必要があります。
ですから、**上空高くまで上昇気流がおきるような状況のとき、大気の状態が不安定ということになります。**

◀ 積乱雲の発達には、上昇気流が大事なんでしたね。
どういうときに高くまで上昇気流がおきるんでしょうか？

◀ 通常，上空の空気は地上よりも低温なので，温かい地表の空気は浮力を受けて上へ上へと昇っていきます。
上空へ持ち上げられた空気のかたまりは，膨張して温度が下がります。このとき，上昇した空気の温度が周囲よりも高ければ，空気のかたまりは周囲よりも軽いので，さらに上昇します。

◀ 空気のかたまりが空に昇って冷えても，まわりの温度がもっと冷え冷えだったら，止まらずにもっと上へ上がっていける，ということでしょうか？

◀ ええ，その通りです。空気のかたまりは，周囲と同じ温度になるまで上昇をつづけますから，上空の温度が低いほど空気はどんどん高く上昇していきます。
つまり，「大気の状態が不安定」とは，「地表にくらべて上空の温度がうんと低い状況」といえます。

◀ そういうことですか〜。

◀ さらにもう一つ。地表付近の空気が湿っていることも，空気を上昇しやすくする原因となります。

◀ どうしてなんでしょう？

◀ 湿った空気中の水蒸気は，上空に行くにつれて雲粒に変わる，とお話ししましたよね。
水蒸気は気体から液体に変化するとき，周囲に熱を放出するんです。
そのため，空気に含まれる水蒸気の量が多ければ，それだけ温度の下がりかたがゆるやかになります。つまり，**湿った空気のかたまりは，乾いた空気よりも高く上昇しやすいのです。**

◀ 湿った空気は冷めにくいのかぁ。

◀ まとめましょう。**地表近くの空気が温かく湿っており，上空に寒気が入るなどして地表と上空の間に大きな気温差がある，すなわち「大気の状態が不安定」になると，地表の空気は高く上昇することになり，**積乱雲が発生・成長しやすくなるんですね。

◀ 地上と上空で気温差が大きいと，積乱雲ができやすいわけですね。

◀ そういうことです。ただし，積乱雲が発達するには，単に大気の状態が不安定なだけではなく，それに加えて，地表付近の空気を持ち上げる「しくみ」が必要になります。

◀ 空気を持ち上げるしくみ？

◀ はい。
たとえば、**前線**や、**山**、**低気圧**などです。これらがあると、地表付近の空気が持ち上がります。

◀ なるほど。空気が上昇するきっかけ、みたいなものが必要なんですね。

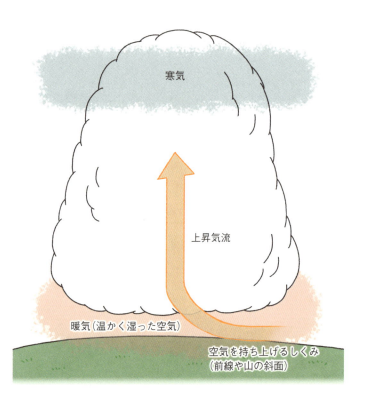

前線

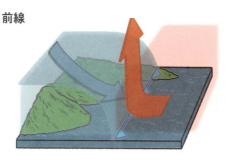

寒気と暖気が接する境界である「前線」では，暖気が持ち上げられます。

風が山をこえる

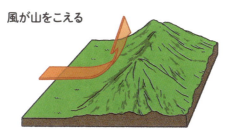

風が山にぶつかると，空気が斜面に沿って上昇します。

風が集まる

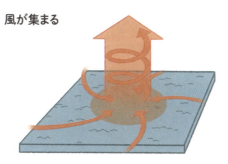

低気圧などで風が一か所に集まると，集まった空気が上昇します。

温かい空気と冷たい空気がぶつかる前線

◀ 先生，前線って天気予報でもよく聞きますけど，前線って一体何なんですか？

◀ **前線とは，温かい空気のかたまりである暖気と，冷たい空気のかたまりである寒気が接する境界のことをいいます。**
寒気は暖気よりも重いため，前線では寒気は暖気の下にもぐりこもうとします。そうして，上昇した暖気は，上空で気温が下がり，雲をつくります。
だから，**前線付近では天気が悪くなり，雨が降ることが多いんです。**天気予報でよく取り上げられるのも，そのためですね。

◀ テレビの気象予報士は「寒冷前線」だとか，「ナントカ前線」という言葉をよく使ってますよね。あれは？

◀ 前線には，いくつかの種類があるんです。寒冷前線や温暖前線あたりがとくによく聞く前線でしょうか。

◀ 寒冷前線と温暖前線って，何がちがうんでしょうか？

◀ 両者は，寒気に暖気がぶつかるのか，それとも暖気に寒気がぶつかるのか，という点にちがいがあります。
まず，**寒冷前線では，暖気に向かって寒気がぶつかります。**
寒気は暖気の下にもぐりこもうとして，寒気に押し上げられた暖気が上昇気流となります。

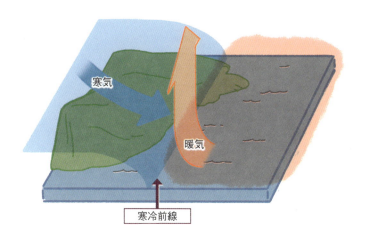

 ◀ その上昇気流が雲を発達させて，雨が降るんですね。

 ◀ その通りです！
寒冷前線の上空には，垂直方向に発達した**積乱雲**が発生し，**はげしい雨**がもたらされます。
そして，**寒冷前線が通過すると，冷たく乾燥した風が吹いて，気温が急に下がります。**

33

◀ 一方，**温暖前線では，寒気に向かって暖気がぶつかります。**
暖気は，寒気の上にのり上がるようにゆるやかな上昇気流となるんですよ。

◀ あったかい空気だから上に乗っかるんですね。

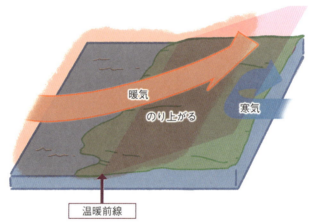

◀ 温暖前線でも，ゆるやかな上昇気流によって，上空の広い範囲に**乱層雲**などの雲がつくられやすくなります。
穏やかな雨が降ることが多く，**温暖前線が通過すると，温かく湿った南風が吹いて，気温が上昇します。**

◀ 前線の種類によって，発生しやすい雲も変わるんですね。

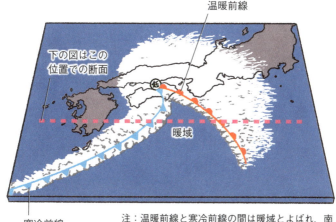

注：温暖前線と寒冷前線の間は暖域とよばれ、南から暖気が流れこみ、暖かくなります。このイラストでは雲はえがいていませんが、実際には暖域でも雲ができることがあります。

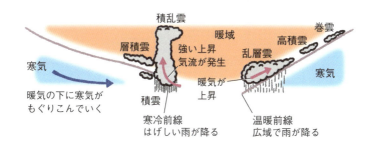

そうですね。天気予報では、鉄条網のような形で表示されます。
三角形がついているのが寒冷前線で、半円がついているのが温暖前線です。

◀ ほかに、梅雨前線とか秋雨前線も聞いたことがあるでしょう。これらは、停滞前線の一種です。**停滞前線とは、暖気と寒気の勢力が同等なときにできる前線です。**

停滞前線

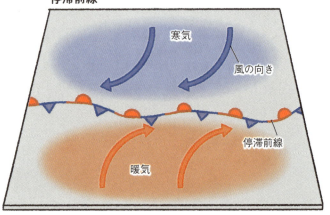

◀ 停滞前線はその名の通り、同じ場所に停滞するため、長雨をもたらすのが特徴です。
また、温かく湿った空気が流入して積乱雲が次々と発生し、豪雨になることもあります。
停滞前線に台風が近づいた場合はとくにやっかいで、2014年8月に、広島市で甚大な土砂災害を引きおこした集中豪雨は、このパターンでした。台風で温かく湿った空気が停滞前線に向かって継続的に供給されて、活発な雨雲が次々と発生し、大雨をもたらしたんです。

雪の結晶は，空からの"手紙"

◀ 雨が降るしくみはいろいろわかった気がしますけど，雪のことも気になります。
「雪の結晶が溶けずに落ちてくるのが雪」でしたよね。

◀ そうです。では，雪の結晶についても，少しお話ししましょう。雪の結晶のもとは，氷晶だと先ほどお話ししましたね。

◀ はい。雲粒が凍って，氷晶になるんですよね！

◀ ええ，そうなのですが，**雨のもとになる雲粒は，0℃以下になってもなかなか凍らないことが知られています。**

◀ え？ 0℃以下でも凍らないんですか？

◀ はい。水分子は，液体の状態では自由に動き回っていますが，温度が低くなるにつれて動きがにぶくなり，0℃以下になると水分子同士がくっついて結晶をつくります（凍る）。
しかし，雲粒は非常に小さいため，なかなか凍ることができないんですね。

◀ このように，液体が固体に変わる温度（凝固点）より低い温度になっても凍らずに液体のままでいる状態を**過冷却**といい，0℃以下の状態でも水滴のままでいる雲粒を，**過冷却雲粒**といいます。
雲の高いところでは，マイナス20℃になっても雲粒が存在していることがわかっています。

◀ そんなに低温でも!?　雲粒はどうやったら凍るんですか？

◀ 上空の氷点下の雲の中で雲粒が凍るためには，やはりエアロゾルが重要なはたらきをしているんです。
雲粒が凍りはじめるときにも，エアロゾルが起点となります。氷晶の核となるエアロゾルを，**氷晶核**といいます。

◀ なるほど，水の粒も氷の粒も，**エアロゾルが鍵**なんですね。

◀ 氷晶は，周囲の水蒸気を取りこんで成長し，大きくなると落下します。
この雪の結晶が溶けずに地上に届いたものが**雪**なんですね。
また，雪の結晶どうしがくっついて大きくなると**ぼたん雪**になります。

そういえば，ずっと前，夏に**ひょう**が降りましたよ。
ものすごく暑い季節なのに氷が降るなんて！とびっくりしました。

氷晶がもとになって，**あられ**や**ひょう**が降ることもあります。
あられは，雪が雲の中で落下しながら，過冷却雲粒をつかまえて成長したものです。
さらに，積乱雲の中の上昇気流であられがふたたび上空へもどったり，落下したりをくりかえすと，大きな氷のかたまりであるひょうに成長します。
ひょうは大きいため，夏でも途中で溶けずに地上に落ちてくることがあるんですね。

だから夏でもひょうが降ってきたのかぁ。

ええ，そういうことです。
ところで，ゆうとさんは**雪の結晶**って見たことありますか？

雪の結晶？
いえ，見たことありません。

気温などの条件次第ですが，雪の結晶は，肉眼で見ることもできるんですよ。

◀ えっ，そうなんですか!?
クリスマスツリーの飾りにくっついているやつですよね？

◀ ふふふ，そうですね。実際の雪の結晶は，実にさまざまな形をしているんですよ。
そして，その形は結晶が成長する雲の中の気温や水蒸気の量によってちがってくるんです。
だから，**雪の結晶を見れば，その雪を降らせた雲の状態がわかることもあります。**
雪の結晶は，まず，縦方向に伸びていくか，横方向に広がっていくかのどちらか一方の方向性で成長します。どちらになるかは気温で決まります。
そのあとは，水蒸気が多いほど，結晶の構造が複雑になっていくんですよ。

◀ **へぇーっ**，雪の結晶の形を見れば，雲の状態なんかがわかるんですね。

◀ そういうことです。そのため，雪の結晶は**空からの手紙**などとよばれることがあるんですよ。

◀ 空からの手紙かぁ〜。

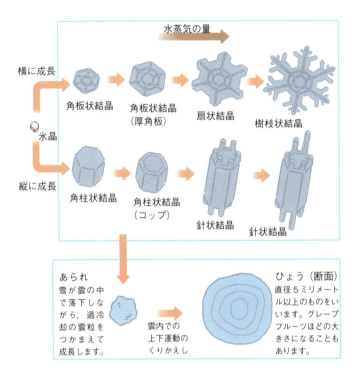

2 時間目

天気の決め手
「気圧」と「風」

地球をめぐる風と日本の天気

空気の動き，つまり「風」は，天気を左右する重要な要素です。風の動きは，天気にどのような影響をもたらしているのでしょうか。

天気を左右する重要要素「低気圧」と「高気圧」

先生，天気予報では必ず高気圧や低気圧といった言葉が出てきますよね。
「明日は高気圧が張りだしてきて……」，みたいな。
気圧と天気って，どう関係しているんですか？

まず気圧とは、<mark>大気の圧力</mark>のことです。
低気圧は、周囲とくらべて気圧の低いところ、高気圧は、周囲とくらべて気圧の高いところを指します。

高気圧や低気圧は、周囲とくらべて相対的に気圧が高いか低いかを示すもので、高気圧と低気圧の分かれ目になる基準はありません。

ふむふむ。

地上の空気の温度は、場所や時間帯によってこととなります。
周囲とくらべて温度の高い空気は膨張します。したがって、空気の密度は低くなり、そのような場所では、地上から上空までの空気の重さが周囲とくらべて小さくなります。 その結果、地上の気圧が低くなり「低気圧」となるんです。

へええ〜。あったかいと空気が軽いから、圧も軽いわけか。

一方、**周囲とくらべて温度の低い空気は、縮んで密度が高くなります。**
そうした場所では、**空気が縮んだ分、上空で周囲から空気が流れこみ、地上から上空までの空気の重さが周囲とくらべて大きくなります。**
そのため、地上の気圧が高くなり「高気圧」となるんです。

◀ 寒いと空気が重くなって、空気の圧も高まるってわけですね。

◀ 実際にはそうでない場合もありますが、とりあえずざっくりした理解としてはその通りです。

● ポイント

気圧＝大気の圧力

低気圧……周囲より温度が高い場所は、空気が膨張して密度が低くなる＝気圧が低くなる。

高気圧……周囲より温度が低い場所は、空気が縮んで密度が高くなる＝気圧が高くなる。

◀ そして、場所によって気圧に差があると、空気はその差を埋めるよう、高気圧から低気圧に向かって動きます。これが<u>風</u>です。

◀ **風が生まれた！**
気圧の差が大気の流れを生むってわけかぁ……。

◀ はい。**気圧の差が大きくて急激なほど、強い風が吹きます。**

◀ 気圧の高い・低いは，坂の傾きに似ています。ボールが坂の高いところから低いところへと転がってゆくように，高気圧から低気圧へと空気が動くんです。

◀ 風に気圧が関係しているなんて，知りませんでした。

◀ 面白いでしょう。
さて，低気圧の場合，気圧が低いので，周囲から低気圧の中心へ向けて風が吹きこみます。するとそこでは，**上昇気流**が発生します。

◀ 上昇気流！
ということは……，**雲ができますね！**

◀ その通り！
低気圧の周辺では，上昇気流のために雲が発生して，天気がくずれやすくなります。
一方，高気圧は気圧が高いので，中心から周囲へ風が吹きだします。そして高気圧の中心付近では**下降気流**が発生します。
だから，雲はできず，晴天が広がることになります。

◀ そういうことか〜！
気圧と天気の関係がよくわかりました！

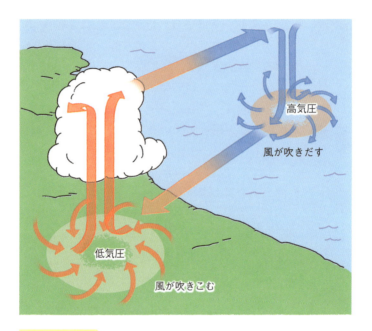

● **ポイント**

風……気圧の高いところから低いところへ動く大気の流れ。気圧の差が大きいほど風は強くなる。

低気圧＝天気がくずれやすい
周囲から風が吹き込み，上昇気流が発生して雲ができるため。

高気圧＝晴れ間が広がる
中心から風が吹きだし，下降気流が発生するため雲ができない。

◀ 「大気の圧力」が天気を変えてるってわけか……。大気の圧力ってすごいな。
ちなみに大気の圧力って，僕たちのまわりの空気ってことですよね？ 普段ぜんぜん圧なんて感じてないですけど。

◀ たとえば台風のときなど，気象ニュースで「中心の気圧は900ヘクトパスカル」などと言っているのを聞いたことがあるでしょう。
あの**ヘクトパスカル(hPa)**は，気象学における気圧の単位なんです。

◀ たしかに，ヘクトパスカルはよく耳にします。

◀ **1hPaは，面積1平方メートルあたりに，約10キログラムの力がはたらく圧力ということです。**
標高0メートルでの平均的な気圧は，約1013hPaとされていて，1013hPaを**1気圧**ともいいます。

◀ ということは，地上では，1平方メートルあたり，10トンくらいの圧力がかかっているってことですか。
大気の圧力，ハンパないっすね！

四つの高気圧が，日本に四季をもたらす

 日本ははっきりとした<u>四季</u>がある国，とよくいわれます。季節ごとの天気の変化には，気圧が大きく関係しているんですよ。日本の季節は，主に**四つの高気圧**に大きく影響を受けているんです。

 四つの高気圧？

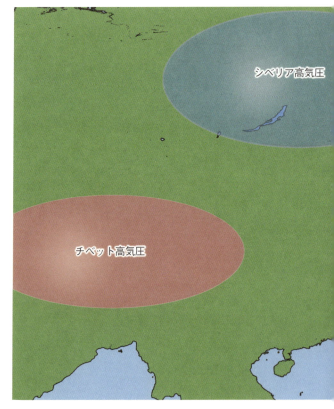

◀ はい。冷たく乾燥した空気を吹き出す**シベリア高気圧**，冷たく湿った空気を吹きだす**オホーツク海高気圧**，非常に温かい空気をともなう**チベット高気圧**と，**太平洋高気圧**です。

これら四つの高気圧の勢力は，大陸と海との気温差などの影響を受けて変化し，それが四季の天気の変化を生みだすんです。

2時間目 天気の決め手「気圧」と「風」

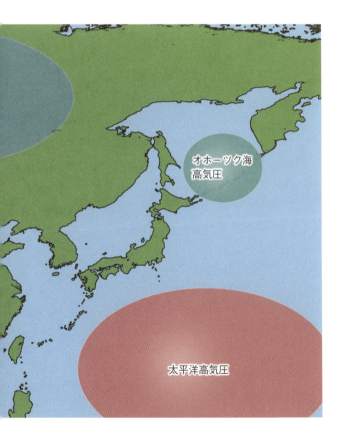

◀ これら四つの高気圧について理解するためには，まず日本の"立地"について，おさえておくことが重要です。
日本はユーラシア大陸の横にある，海に囲まれた島国ですよね。
この地理関係では，横にある大陸が，いわば"鉄板"のような役割を果たしているんです。

◀ 大陸が鉄板!?

◀ はい。大陸は，日中は太陽によって温まりやすく，夜間は地面から宇宙に向かって熱が放出される放射冷却によって冷えやすい性質があります。
つまり，大陸は，温まりやすくて冷めやすい鉄板みたい，ということです。

◀ なるほど。

◀ 一方で，日本の周囲にある海は温まりにくく，冷めにくい性質をもっています。このような大陸と海との性質のちがいなどが性格のちがう四つの高気圧を生み，日本の天候に影響をあたえるんです。

◀ 日本は，熱しやすく冷めやすい陸地と，熱しにくく冷めにくい海に囲まれている，というわけか。

◀ そういうことです。
これを踏まえて、簡単に四つの高気圧について説明しましょう。
まず、シベリア高気圧は冬をもたらす高気圧です。
その名の通り、シベリアの大地で生まれます。
大陸の冬は、放射冷却などによって非常に冷えこみます。すると、地表付近の空気が冷えて重くなり、高気圧ができます。これがシベリア高気圧です。
大陸でできた高気圧なので、水蒸気の量が少ないという特徴があり、シベリア高気圧から吹きだす風は、冷たく乾燥しています。
これが日本に「冬の寒い北風」をもたらす原因となります。

● memo

シベリア高気圧
シベリアの大地で生まれる高気圧。水蒸気の量が少なく、シベリア高気圧から吹きだす風は冷たく乾燥している。日本に寒い北風をもたらす。

◀ シベリアの大地が冷たくなって生まれた高気圧が、日本の寒い冬の原因だったのか〜。

◀ さて、次は冷たいオホーツク海上でできる**オホーツク海高気圧**です。
春の後半から**夏のはじめ**にかけて、冷たく湿った空気でできたオホーツク海高気圧ができやすくなります。

◀ 湿っているうえに冷たい……。

◀ オホーツク海は気温が上がっても大陸ほどには温まりません。
だから、この季節には気圧が高くなりやすいんです。

◀ オホーツク海高気圧の勢力が強まるとどうなるんですか？

◀ オホーツク海高気圧が北海道や東北地方に居座ると、**やませ**とよばれる冷たい風が吹き、霧を発生させたり、冷害の原因となったりします。
また、南にある太平洋高気圧との境目には**梅雨前線**ができます。

◀ 梅雨は、オホーツク海高気圧が、あったかい太平洋高気圧とぶつかって生まれるわけか。

● **memo**

オホーツク高気圧

オホーツク海上で生まれる高気圧。冷たく湿った空気でできている。オホーツク高気圧から吹きだす冷たい風が，霧を発生させたり，冷害をもたらしたりする。太平洋高気圧とぶつかると梅雨前線ができる。

◀ それから**チベット高気圧**は，日本のはるか西にあるチベット高原を起源とする高気圧です。チベット高原は，標高が平均約4500メートルほどもあり，夏になると高原に降り注ぐ日射によって，標高の高い位置にある空気が温められます。その空気が上昇し，上空1万メートル以上の高層で高気圧をつくります。これがチベット高気圧です。

● **memo**

チベット高気圧

チベット高原で生まれる高気圧。夏の日射によって，高原の高い位置の空気が温められて上昇してできる。上空1万メートル以上の高層に発生する。

◀ チベット高気圧は、高い場所にできる高気圧なんですね。

 ◀ そうなんです。さて、最後は**太平洋高気圧**です。太平洋高気圧は、赤道付近で温められて上昇した空気が下降してできる高気圧で、**地球の大気の大循環**という大規模なしくみで発生する、非常に安定した高気圧です。
夏になると日本付近をおおい、日本に暑い夏をもたらします。また、あとからお話ししますが、チベット高気圧と合わさることで、厳しい猛暑をもたらします。

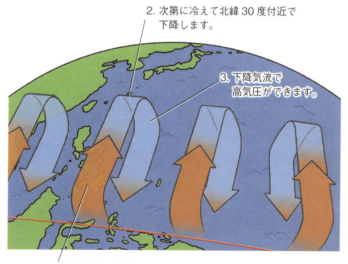

2. 次第に冷えて北緯30度付近で下降します。
3. 下降気流で高気圧ができます。
1. 赤道付近（熱帯）で空気が温められて上昇します。

● memo

太平洋高気圧
赤道付近で温められて上昇した空気が北緯30度付近で下降してできる。地球の大気の大循環によって発生する。夏に日本付近をおおい，日本に暑い夏をもたらす。チベット高気圧と合わさることで，厳しい猛暑をもたらす。

また，これらに加えて，春と秋には移動性高気圧が登場します。移動性高気圧は，中国大陸南東部で発生する高気圧です。
春や秋は，沖合よりも冷たい大陸内部で高気圧が発生しやすいんですね。一方で，沖合は相対的に暖かく，低気圧が発生しやすくなります。

移動性高気圧は，移動する高気圧なんですか？

そうです。東から西に吹く偏西風に乗って，東へと移動するんです。偏西風とは，地球の自転の影響で，西から東へと吹く大気の大規模な流れです。あとからくわしくふれるので，今のところは強い西風，と覚えておいてください。

はい。

移動性高気圧と低気圧が偏西風に流されて西から東へ移動する。

◀ この偏西風に乗って高気圧が東へ移動するため，春と秋は，低気圧と高気圧が西から東へと次々に移動して，日本の天気は数日ごとの周期で変化しやすくなります。

移動性高気圧は，中国大陸由来の温かく乾いた空気でできていて，この高気圧のもとでは，小春日和や秋晴れといった気持ちのよい晴天がのぞめます。

冬：シベリアからの冷たい空気が大雪を降らす

◀ ここからは、日本のそれぞれの季節と天気について、さらにくわしく解説しましょう。
まずは、冬です。

◀ 去年、大雪が降って、学校が休校になってラッ、いや残念だったな〜。

◀ それは大変でしたね。
冬の厳しい冷え込みや大雪は、西高東低の冬型の気圧配置のときによくもたらされます。

◀ あ、天気予報でよく聞くやつ。

◀ 「西高東低の冬型の気圧配置」とは、日本列島の西側に高気圧、東側に低気圧がある状態をいいます。

◀ まず、日本の西側のユーラシア大陸の内陸の冬は、**マイナス40℃**にも達するような低温になります。そのため、ここにシベリア高気圧が発生します。

◀ これが西高東低の、「**西高**」のことですね。

◀ そうです。一方で、冬の海上の気温は、大陸の地表付近よりも高くなります。
その結果、空気が温められて軽くなり、上昇気流が発生します。こうして、太平洋側に低気圧ができます。

◀ それが「**東低**」ですね。
なぜこの気圧配置になると、冬らしい天気になるんでしょうか？

◀ 冬に発達するシベリア高気圧からは、冷たい空気が東に向かって流れだしてきます。
吹きだした風が日本へ向かう途中には、**日本海**があります。日本海は、南から暖流（対馬海流）が流れこむため、冬でも比較的温かい海です。**シベリア高気圧からの冷たい空気はもともと乾燥していますが、この温かい日本海の上空を通る際に、水蒸気をたくさん取りこむんです。**
そして日本海側に、冬に特有の**筋状の雲**をつくりだします。

60

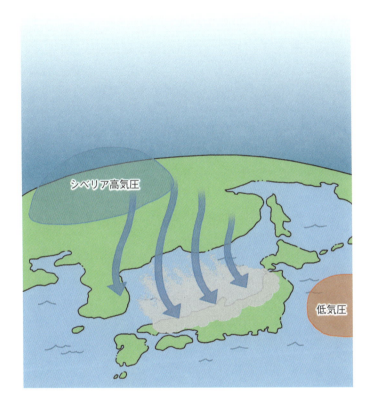

◀ この筋状の雲は、たくさんの雪を降らせることができる**積乱雲の列**です。この「積乱雲の列」が、日本列島を縦断する山脈にぶつかって、日本海側の山地に大雪を降らせるんです。

◀ 新潟とか日本海が豪雪地帯になるのは，シベリア高気圧から吹きだす風に理由があったんですね。

◀ ちなみに，このような積乱雲から降る雪は，**あられ**が多くなります。冬の日本海側で雪の形を見てみると，丸い形をしたあられがたくさんあるはずです。

◀ へええ〜！ じゃあ，たとえば北海道の雪はちがうんですか？

◀ 北海道は緯度が高く，上空の気温が低いため，水蒸気の量が少なく，結晶のサイズが小さくて**さらさらした雪**になることが多いです。

◀ 雪質は，降る地域で変わるのか〜。ところで，太平洋側はあまり雪が降りませんよね？ これはなぜですか？

◀ シベリア高気圧は日本海側にたくさんの雪を降らせます。雪を降らせた空気は，山脈をこえる過程で乾燥して太平洋側へ流れるので，逆に太平洋側ではおおむね晴れて空気が乾燥するんです。

◀ 太平洋側に風が届くころには，水分を雪として放出して，乾燥してしまってるんですね。

春：シベリア高気圧の弱体化が春一番をよぶ

じゃ，次は春にいきましょう！

冬もいいですけど，やっぱりあったかい春がくるとほっとするなあ。

そうですねえ。
2月なかばになると，きびしい寒さが一段落します。そして，北風に変わって，生温かい南寄りの強風が日本列島に吹きこみます。これが春一番です。

春一番，毎年，ニュースになりますよね。

春一番は，シベリア高気圧の勢力の弱まりによって発生します。

◀ 春が近くなって、シベリア高気圧から吹く北西の風が弱まると、偏西風が北上し、その結果、中国大陸で発生した低気圧が日本海を通過することが多くなります。
すると、この低気圧に向かって太平洋側の高気圧から風が強く吹きこむようになります。**毎年、立春後に吹く最初の風が「春一番」というわけです。**

◀ 春一番は、シベリア高気圧が弱くなったことの証だったんですねえ。

◀ そうです。シベリア高気圧が弱くなることは、きびしい冬の終わりを意味します。そのため、**季節の境の代名詞**としてこの風が使われることが多いんですね。

◀ その名の通りってことですね。

◀ そうですね。ところで春一番は、**フェーン現象**を引き起こすこともあります。

◀ ふぇーんげんしょう？

◀ **「フェーン現象」は、乾燥した温かい風が山地を吹き降りる現象です。**
雪崩や大火事の原因となることもあります。

◀ なぜ春一番でフェーン現象がおきるんでしょうか？

◀ 太平洋から日本海の低気圧に向かって吹く春一番は、日本アルプスや奥羽山脈、中国山地などの**山脈**を乗りこえないといけません。
太平洋上で水蒸気を吸収してきた風は、山脈をこえる際に上昇気流となります。そして雲を発生させて、太平洋側の各地域に雨を降らせます。

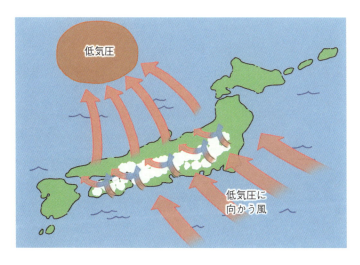

◀ **春の雨ですね。**
春ってけっこう雨が多いんですよね。

◀ 雨を降らせたあとの乾燥した空気が山地をこえて下ってくると、空気が圧縮されて、**乾いた高温の風**になります。
こうしてフェーン現象がおきるわけです。

梅雨：太平洋高気圧とオホーツク海高気圧がせめぎ合う

◀ 春の次は夏……の前に梅雨の季節についてもお話ししておきましょう。毎年おなじみの，じめじめした季節です。

◀ 梅雨は，食べ物にすぐカビが生えるんですよね〜。
何だかしめっぽくて苦手な季節だなぁ。

◀ そうですよね。
さて，6月上旬から7月下旬にかけて，北海道を除く日本列島は梅雨に入ります。
梅雨とは，太平洋高気圧とオホーツク海高気圧の勢力がせめぎ合うためにおきる気象現象です。

◀ 二つの高気圧がせめぎ合う？

◀ この時期には，オホーツク海高気圧から吹きだす風と，太平洋高気圧から吹きだす風が日本列島の上で合流します。
双方からの風の勢力がぶつかると，どちらの風も行き場を失って上昇気流となります。この上昇気流によって雲が発生し，広い範囲で雨が降るんです。

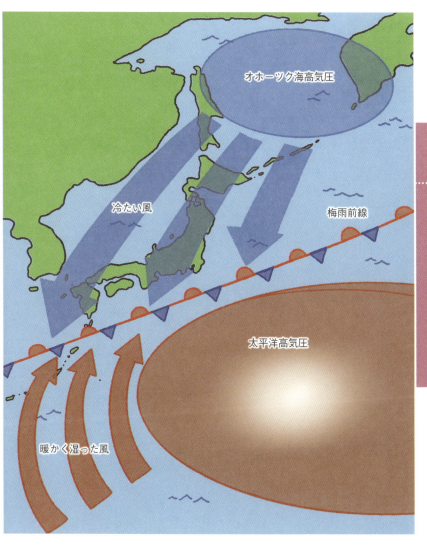

◀ このとき，せめぎ合う二つの空気の境界を**梅雨前線**といいます。

 ◀ どっちの高気圧もお互い譲らないわけですね。

 ◀ 勢力がつり合っているかぎり，この上昇気流は同じ場所にとどまりつづけます。

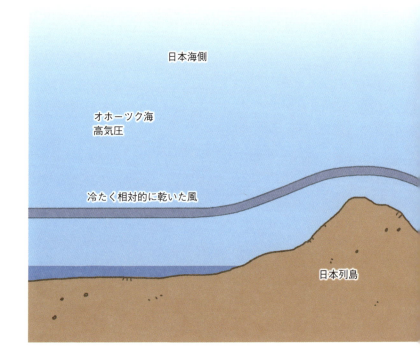

オホーツク海高気圧からの風は北から吹くために涼しく，太平洋高気圧の風は南から吹くので温かいです。
また，両者とも水蒸気を十分に吸収していますが，温かい南風の水蒸気量の方が圧倒的に多くなっています。**この風によって，水蒸気が絶え間なく供給されるため，雨が長くつづくんですね。**

なるほど……。

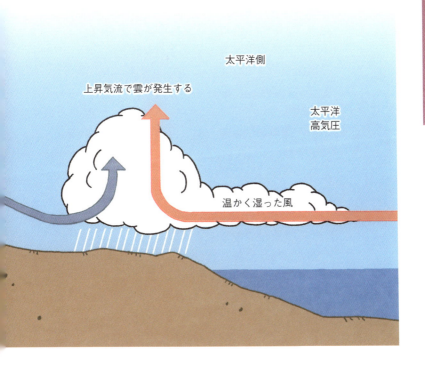

梅雨明け：太平洋高気圧が梅雨前線を追いはらう

◀ さて，例年7月中旬ころになると，ようやく**梅雨明け**です。

◀ **イエーイ！　夏休みがやってくる！**
で，梅雨はどうなると明けるんでしょうか？

◀ 長雨をもたらす梅雨前線が停滞していたのは，オホーツク海高気圧と太平洋高気圧の勢力のバランスがとれていたためでしたよね。
しかし，==夏が近づくと，太平洋高気圧の力が強まって，バランスがくずれます。すると，オホーツク海高気圧からの風を押し返すようにして梅雨前線が北上し，日本付近は南から「梅雨明け」となるんです。==

◀ 太平洋高気圧がオホーツク海高気圧を押しだすんですね。

◀ ええ，そうです。大平洋高気圧は非常に安定しているため，その影響下に入ると長期間にわたって晴天がつづきます。
そして，晴れて蒸し暑い**日本の夏**が到来するわけです。

◀ **やった！**

◀ ただし，年によって太平洋高気圧の勢力が強まらないことがあります。

えっ，するとどうなるんですか？

この場合，日本付近は雨雲におおわれつづけるため，日射が弱くなり**冷夏**となります。

◀ イヤだな〜。そうなると，夏らしい夏がこないんですね。

◀ 「冷夏」には，いくつかのパターンがあります。
たとえば，太平洋高気圧の勢力が南にかたより，全国的に北東の風が吹いて気温が低くなる**全国低温型**。
それから，**北冷西暑型**もあります。このパターンのときは，太平洋高気圧の勢力が強く，西日本から東日本をおおって暑くなります。一方で，オホーツク海高気圧との間に前線が停滞したり，低気圧が通過したりして，北日本では北東の風が吹いて涼しくなり，なかなか梅雨が明けません。

◀ 両者の戦いはけっこう複雑なんですねぇ。

◀ 太平洋高気圧がオホーツク海高気圧に打ち勝つと，いよいよ本格的な夏がやってきます。

◀ やっと夏が到来か！

◀ 夏には，東の海上で発達する太平洋高気圧が日本付近まで張りだしてきます。
この太平洋高気圧から吹きだす温度の高い空気は，海上を流れる間にたくさんの水蒸気を含むようになります。この空気が，日本に暑くて湿っぽい風をもたらします。
太平洋高気圧がさらに張りだし，日本列島全体をすっぽりとおおうと，夏らしい晴天がつづくようになります。

◀ でも先生，ちょっと気がかりなことが……。
ここ最近の夏，暑すぎませんか？

◀ そうですよね。
とくに2018年の初夏に，全国的に記録的な猛暑がつづいたのを覚えてませんか？　テレビでもずっと取り上げられていました。

◀ 覚えてます。たしかいろんな地域で40℃をこえたんじゃなかったでしたか？

ええ，そうです。
埼玉県熊谷市では7月23日に，国内の統計開始以来，最高となる41.1℃を記録したんです。

41.1℃！
ひぃー，体が溶けていきそうです。
2018年の初夏は，なぜそれほどまでに猛暑になったんでしょうか？

理由の一つは，太平洋高気圧の勢力が非常に強い状態がつづいたためです。

理由の一つ……？
太平洋高気圧以外にも理由があるんですか？

はい，もう一つの理由は，先ほどお話しした**チベット高気圧**です。2018年の夏は，チベット高気圧が東に張りだし，背の低い太平洋高気圧の上にかぶさるようにして，日本上空を長くおおいつづけたんですね。
いわば高気圧の「二段重ね」の状態だったんです。

高気圧の二段重ね!?

はい。太平洋高気圧もチベット高気圧も，温かい空気を供給します。

2時間目 天気の決め手「気圧」と「風」

◀ チベット高気圧が日本列島付近に張りだしてくると、ただでさえ温かい太平洋高気圧の上にチベット高気圧がかぶさるかたちになり、暑さが増して猛暑になってしまうんですね。2018年の記録的な猛暑は、この気圧配置のせいだったんです。

 ◀ うわ〜。毛布の上にさらに毛布をかけたような状態ってわけですね。

秋：秋の空模様は，変わりやすい

◀ 暑い季節には太平洋高気圧が大活躍でした。
次は，太平洋高気圧が弱まる**秋**の天気を説明しましょう。

◀ 秋はすごしやすくていいですよね〜。
食べ物も美味しいし！

◀ そうですよね。
さて，秋の天気の特徴の一つは，**変わりやすい**ことです。
そこには，高温多湿な夏の天気をもたらした太平洋高気圧の勢力の弱まりが関係しています。

◀ あれだけ勢力をふるっていた太平洋高気圧も，弱くなる日がくるんですねえ。

◀ 夏には，日本列島のすぐ南で太平洋高気圧が大きく張りだしていたため，日本列島は太平洋高気圧から吹きでる南からの湿った風を受けていました。
このとき，日本上空の**偏西風**は，太平洋高気圧の影響で**北上**していました。

◀ 偏西風って「強い西風」でしたね。

そうです。太平洋高気圧の勢力が弱まってくると、その影響で、偏西風が強まって南下してきます。すると、その偏西風に乗って、中国大陸から**高気圧**や**低気圧**が日本付近にやってくるようになるんです。

へええ～！ 太平洋高気圧が弱まることで偏西風の勢いと向きが変わって、別な高気圧や低気圧を連れてくるんですね。

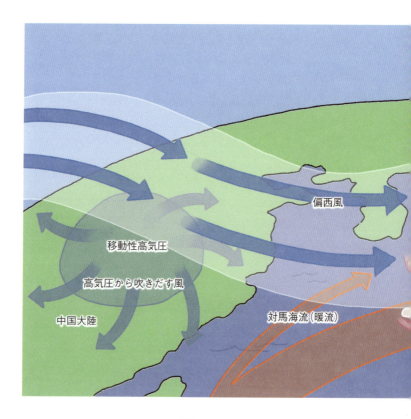

◀ はい。こうしてやってくる高気圧は，太平洋高気圧のように同じ場所にとどまるものではなく，偏西風に乗って東へ移動していきます。

◀ 先ほど説明のあった**移動性高気圧**ですね。

◀ そうです。移動性高気圧も低気圧も，偏西風に乗って次々に中国大陸からやってきます。

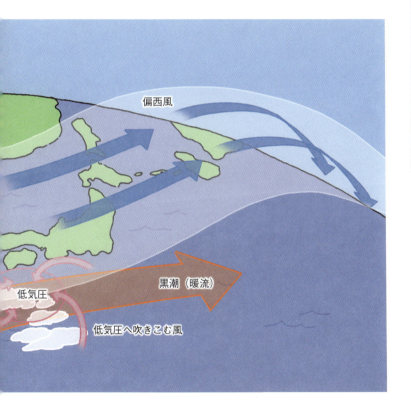

◀ このうち低気圧は，日本の南を流れる**黒潮**や，日本海へ流れこむ**対馬海流**などの暖流の上を通過すると，海上の熱や水蒸気を吸収して**雲**をつくります。

◀ あ，それで天気が悪くなるんですね。

◀ はい，その通りです。
このように，偏西風に乗って低気圧が日本付近にやってくると，発達した雲によって天気はくずれます。
一方，移動性高気圧がやってくると天気は晴れます。

◀ それが，秋の天気が変わりやすいしくみなんですね。

地球をぐるりとまわる偏西風

ここからは，気圧とともに日本の天気に大きな影響をあたえる偏西風について，くわしく解説しておきましょう。

ここまでにも，何度か登場しましたよね。
強い西風，ですよね。

そうですね。その偏西風が，天候を変化させる鍵といってもいいでしょう。
日本にかぎらず，世界の中緯度地域には，偏西風とよばれる，西から東へ向かう風が年中吹いているんですよ。

年中吹いている？
偏西風，あまり意識したことないなあ……。

偏西風は，地上ではあまり目立ちません。でも，上空ではとても強く吹いています。
天気は西から東へ移り変わっていく，って聞いたことはありませんか？

あぁ，あります！
九州で雨が降ると，その翌日くらいに東京で雨が降ることが多いですよね。

◀ それは、この偏西風が大きな原因なんです。
地球を北からながめると、偏西風は北極を囲むようにぐるりと1周して吹いています。

北半球の偏西風のようす

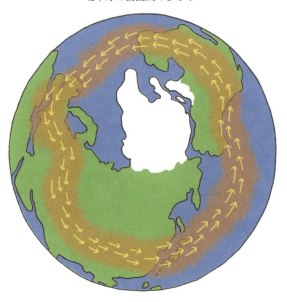

◀ **地球を1周！**
年中ずっと地球を回ってるって、なんだかすごいですね。
なぜこういう風が吹くんでしょうか？

◀ それは、**地球規模の大気の大循環**と関係があります。

◀ **たいきのだいじゅんかん？**

 ◀ はい。地球全体でおきる大きな空気の流れのことです。次のページのイラストを見てください。熱帯は暖かくて空気がよく混ざっていますから，日本付近の緯度では南に温かい空気，北に冷たい空気があります。

 ◀ 偏西風は，ちょうどその境目を吹いているように見えますね。

 ◀ その通りです。地球の大気には，水平に温度差があると，上空で風が強く吹く，という性質があるんです。
北半球では，南が暖かく北が寒い場合には，上空で南が高気圧，北が低気圧になり，その間で西から東に向かって風が吹きます。

 ◀ **むむむっ。**
風は気圧の高い場所から低い場所に吹くんですよね？ なぜ東向きになるんでしょうか？

 ◀ これは地球が自転しているせいです。
その影響で，北半球の中高緯度では，風は気圧の高い場所を右に見るように流れるんです。

 ◀ とにかく，偏西風というのは，中緯度地域の上空で東向きに吹くものなんですね。

偏西風

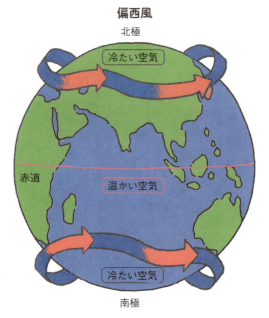

◀ その通りです。
なお、偏西風は南半球にもあります。偏西風は、地球の大気の大循環にとって熱や水蒸気など、いろいろなものを西から東に運ぶ<u>動脈</u>のようなものなんです。

◀ へええ〜！ 風って吹くだけかと思っていましたが、運ぶ役割もあるんですね。

◀ ただし偏西風は、単純に東へ向かって吹くのではなく、**南北に蛇行することもあります。**

◀ 蛇行のぐあいは、場所や時期によって大きく変わります。
そして、この偏西風の蛇行のぐあいが、天気に影響することもあるんです。

◀ 偏西風が蛇行したら、どんな**影響**があるんでしょうか？

◀ **偏西風は、まっすぐ流れていれば、北の冷たい空気（寒気）と南の温かい空気（暖気）をへだてるはたらきをします。**しかし、偏西風が南に蛇行すると**寒気を南側**へもたらし、北へ蛇行すると**暖気を北側**へもたらします。
いいかえれば、この偏西風という動脈は、東西だけでなく、南北にも熱を運んでいるわけです。

◀ **寒いのも暑いのも偏西風しだい**ってわけか。

◀ それから、こうした偏西風の蛇行で、地上で低気圧や高気圧が生まれやすくなったり、発達がうながされたりすることも知られています。
日本のちょうど上空に強い偏西風が吹いているため、偏西風の蛇行のぐあいによって、天候が大きく変わるんです。

◀ 偏西風が**日本の天気をコントロール**してたのか……。

偏西風に乗った温帯低気圧が，西から天気をくずす

◀ 偏西風の蛇行が日本におよぼす影響について，もう少し見てみましょう。
秋から春にかけて，偏西風が蛇行して，日本付近で低気圧が発達することがあります。

◀ 低気圧が？

◀ はい。右のイラストのように，この低気圧は，偏西風によってもたらされる北の寒気と，南の暖気のはざまで発達します。
暖気が寒気の上に乗り上がっていく温暖前線と，寒気が暖気の下にもぐりこんでいく寒冷前線をともなっています。これらの前線で雲が発生し，雨や雪をもたらします。このような低気圧は，温帯低気圧とよばれています。
温帯低気圧は偏西風に乗って日本付近を通過し，天候を左右します。天気予報で，「天気は西から下り坂」といったような言葉をよく聞きますよね？　これは，**温帯低気圧が西からやってきて，天気がくずれるという状況をあらわしているんですよ。**

◀ 温帯低気圧が西から東へ進むにしたがって，天気が西から悪くなっていくんですね。

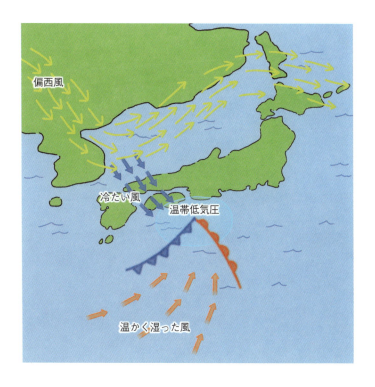

 そうですね。
また、冬に東シナ海から日本の南の海上で発達した温帯低気圧が、偏西風に乗って、本州の南を東へ向けて通過することがあります。このとき、関東をはじめとする太平洋側に雪を降らせることがあります。

このような温帯低気圧はとくに、**南岸低気圧**とよばれます。関東で大雪が予報されているときなどに、南岸低気圧が天気予報に出てくると思いますよ。

◀ **なんがんていきあつ……。**
天気予報を見るときに,このワードに注意してみます!

◀ ただし,関東での雪の予測はむずかしく,この南岸低気圧がやってくると必ず雪が降る,というわけでもありません。
関東地方はもともとさほど寒くないため,雪にはならずに雨となることもあります。

◀ 「明日は大雪でしょう」という予報に構えていたら雨だった,なんてことがよくありますね,たしかに。

◀ 関東で雪になるか雨になるかは,広い範囲で寒気がどれくらい強いのか,また,低気圧の発達の度合い,雲の広がりなどが複雑に関係しています。
関東での雪の予測はなかなかむずかしいものなんです。

◀ 雪が降るかどうかは,いろいろな要因に左右されるんですね。

2時間目 天気の決め手「気圧」と「風」

3 時間目

「気象災害」と「異常気象」

私たちの生活をおびやかす異常気象とその原因

昨今，集中豪雨や大きな台風による被害が増えています。これらの危険な気象はどのようなしくみで発生するのでしょうか？

積乱雲が集まって台風になる

◀ 3時間目では，台風や集中豪雨など，**災害を引きおこすような気象**についてお話ししていきます。

◀ 毎年のように，台風や大雨の被害があちこちで出ていますよね。去年の秋なんか，うちの近所が冠水して，ほんとにどうなることかと……。

◀ まずは，夏から秋に日本をおそう台風について，くわしく見ていきましょう。

◀ お願いします！　身近な問題なので，ぜひ知りたいです。

◀ 台風の正体は，ズバリ積乱雲です。
多くの積乱雲が集まって渦をつくったもので，赤道に近い熱帯の海で生まれます。

◀ ### 積乱雲の集合体！
台風のとき，天気予報の天気図にあらわれる大きい渦は，あれは積乱雲の渦なのか〜！
積乱雲のあんなでっかい渦は，どうやってできるんですか？

◀ 海水温が高い熱帯の海では，**上昇気流**が生じやすくなっています。
上昇気流によって上空に持ち上げられた水蒸気が**雲粒**となり，**積乱雲**が発達していきます。
さらに，水蒸気が水滴になるときには，周囲に**熱**が放出されます（凝結熱）。すると，その熱で温められた空気はさらに上昇し，雲粒ができて，をくりかえして，雲はどんどん発達していきます。

◀ 積乱雲は，自ら熱を発して発達していくんですね。

3時間目　「気象災害」と「異常気象」

◀ そういうことです。
熱帯の海で次々と発達した積乱雲は、やがて**集団**をつくります。そして、積乱雲の集団の中で放出された熱が、地上の気圧を下げます。こうして積乱雲の集団は**熱帯低気圧**になるんです。

◀ 熱帯低気圧？
まだ台風ではないんですか？

◀ はい、**熱帯低気圧がさらに発達したものが、台風です。**
熱帯低気圧では中心に向かって、風が吹いています。

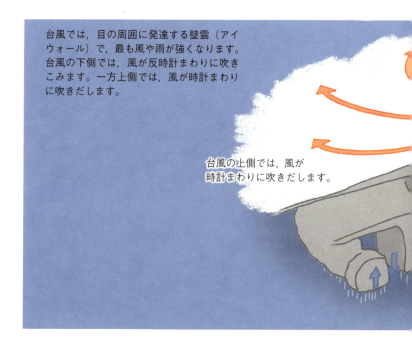

台風では、目の周囲に発達する壁雲（アイウォール）で、最も風や雨が強くなります。台風の下側では、風が反時計まわりに吹きこみます。一方上側では、風が時計まわりに吹きだします。

台風の上側では、風が時計まわりに吹きだします。

◀ この風が、海水面から大量の水蒸気を供給して**熱帯低気圧**を発達させます。
そして、**中心付近の最大風速が秒速約17メートルより強くなると「台風」とよばれます。**

◀ 海水から供給される水蒸気が、台風の燃料なわけですね。

◀ その通りです。
ここで、台風の構造について、少しくわしく見てみましょう。
台風の中心部は、ご承知のように目とよばれていて、雲がほとんどありません。

◀ これは、台風に吹きこむ猛烈な風が反時計まわりに回転して、その遠心力によって中心部まで雲が入れないことなどが理由です。

◀ 台風の目は、**遠心力**でできていたのか。

◀ ええ。そして、台風の目のまわりには、壁のように高くそびえる積乱雲ができます。
これを**壁雲**、または**アイウォール**といいます。

◀ **目の壁……。そのまんまですね。**

◀ 壁雲の中では、台風の中心に向かって吹きこんだ風が、**らせん状に上昇**しています。
この上昇気流によって、目のまわりの壁雲はさらに発達して、雲の下の地域にはげしい暴風雨をもたらします。

◀ 台風の目のまわりは、まさに**危険地帯**なんですねぇ。

◀ はい。そして壁雲には、さらに**台風を発達させるしくみ**があります。
壁雲をらせん状に上昇してきた空気は、周囲に向かって吹きだすほか、一部は目の中を**下降**するものもあります。

◀ **一般的に，空気は下降すると体積が小さくなり，温度が上がるという性質があります。** そのため，台風の目の中には周囲より10℃以上も温かく軽い空気のかたまりができます。
これを**暖気核**または**ウォームコア**といいます。

◀ ウォームコア！
なんだかかっこいい響きですね。

◀ ウォームコアは，地上の気圧を低下させます。すると，周囲からさらに風が吹きこむようになります。
こうして台風は，周囲から水蒸気を集めて発達していき，猛烈な風や雨をもたらすんです。

◀ 台風は，**自分自身の中**に，どんどん発達するしくみをもっているんですね。

台風はカーブをえがいて，日本にやってくる

◀ 赤道のほうの海でできた台風が，なんで日本にまでやってくるんでしょうか？ わざわざこんな遠くまできてくれなくてもいいのに……。

◀ 台風は基本的に周辺を吹く風に流されて移動します。台風の進路を決める大きな要因は，夏場に日本の東の海上にいすわる太平洋高気圧と貿易風，そして偏西風です。

◀ 貿易風？

◀ 北半球の赤道から緯度30度付近では1年を通して東から西に向かって安定して風が吹いています。この東風が貿易風です。貿易風は地球規模で吹く風の一つです。そのため，熱帯の海上で発生した台風は，まず西へと進みます。
ちなみに，中世ヨーロッパで，貿易のために帆船がこの風を利用して海を渡っていたことから，貿易風といわれるようになったんですよ。

◀ へええ～！

◀ さて，次に登場するのが太平洋高気圧です。

夏場は，太平洋高気圧は日本の南東にいすわります。地球の北半球では，高気圧の周囲に吹く風は，地球の自転の影響による力によって，進行方向に対して右向きの力が加わっています。つまり，日本の東南部にいすわった太平洋高気圧からは，時計まわりに風が吹きでているわけです。その風の影響を受けて，台風は**高気圧の南側から西側をまわるように北上します。**

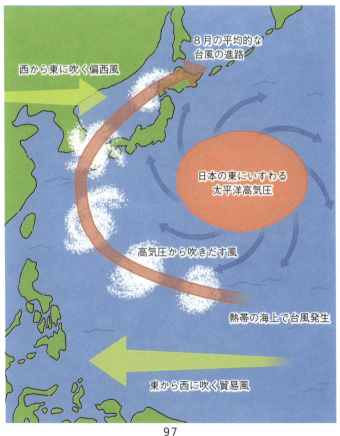

◀ 風が，台風を日本に送り届けるわけですね。

 ◀ はい。日本付近にやってくると，今度は**偏西風**の影響を受けて，進路を東よりに変えて北東へと進むようになります。

 ◀ なるほど……。いろいろな要因が重なって，うまく**カーブ**をえがいて日本列島に沿って台風が進むようになるのか。

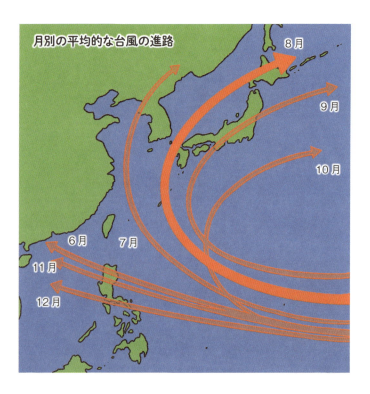

月別の平均的な台風の進路

◀ とくに，太平洋高気圧が少し後退して日本の東にいる夏の終わりから秋に，台風は日本列島を縦断するような進路をとることが多くなります。

◀ **台風がたくさんできる年**みたいなのはあるんでしょうか？

◀ そうですね。たとえば2018年は，8月までに**21個の台風**が発生して，平年の13.6個にくらべてかなりペースが早かったといえます。

◀ **そんなに多かったんですか！**

◀ 発生数が多くなった原因としては，台風が発生する海域の海面水温が平年より高かったことなどがあげられます。
9月以降も8個の台風が発生しましたから，2018年は年間で**29個**の台風が発生したことになります。
なお，1951年の統計開始以来，年間の台風発生件数が最も多かったのは1967年の**39個**です。

◀ 海面水温が高い年は，台風が発生しやすいのか……。
アメリカで発生する**ハリケーン**も，台風と同じものですか？

◀ **台風は，北西太平洋，つまり北半球の東経180度より西側で発生した熱帯低気圧のよび名です。**
同じ熱帯低気圧でも，発生場所がちがえば**ハリケーン**や**サイクロン**などとよばれるんですね。

◀ なるほど，発生する場所のちがいなんですね。台風は世界のいろんな場所でみんなを困らせている，というわけですね。なんとかならないものかなあ……。

「スーパー台風」が日本にやってくるかもしれない

近年，<u>地球温暖化</u>が深刻な問題となっています。
今後，地球温暖化の影響で，台風は**パワーアップ**するかもしれません。

台風がパワーアップ!?
カンベンしてくださいよ〜。台風と温暖化には，関係があるんですか？

多くの研究論文で，「**熱帯域の海面水温上昇にともない，熱帯低気圧の強度は増大する**」と予測されているんです。

なぜ，地球温暖化が進むと台風や熱帯低気圧が強くなるんでしょうか？

台風や熱帯低気圧は，大量の水蒸気が上空に持ち上げられ，巨大な積乱雲となることでつくられます。
地球温暖化により気温が上昇すると，大気が含むことのできる水蒸気量も増加します。その結果，台風が発達しやすくなると考えられているんです。

このまま温暖化が進んだら，どうなっちゃうんでしょう……？

◀ 一般的に台風は，海面水温がおよそ26℃以上の場所で発達し，海面水温が高いほど強い台風になる可能性があります。
現在，フィリピン沖あたりの海面水温は，9月で**29℃程度**です。
しかし今後，地球温暖化によって海面水温が上昇すると，この29℃の海域が西日本沿岸部にまでおよぶと考えられています。そうなると，台風は猛烈な勢いを保ったまま，日本に上陸することになるでしょうね。

◀ た，大変だ！

◀ さらに，台風が強くなる原因には，水深100メートルまでの深い場所の**海水温**も関係しています。

◀ 水深100メートル？
なぜそんな深い海の水温が台風に関係あるんですか？

◀ 台風は発達するにしたがって，強い風によってその下の海水をかき混ぜます。
すると，浅い場所の海水と深い場所の海水が混ざり合います。
深い場所の水温が低い場合，浅い場所の海水温も下がってしまい，やがて台風は発達できなくなってしまうはずです。

◀ でも,深いところの水温も高いとなると……。

◀ そう！
深いところまで海水温が高い場合,海面の温度が下がらないわけです。そうすると台風の発達がつづき,強い台風ができやすくなるんですね。

◀ 地球温暖化で, **台風がどんどん強力になるかも** ということですね。

◀ はい,このまま地球温暖化が進むと,たくさんの **スーパー台風** が日本を襲うかもしれません。

◀ **スーパー台風？**

◀ はい。**風速が秒速約67メートルをこえるものを,一般に「スーパー台風」とよんでいます。**
近年では,2013年にスーパー台風 **ハイエン** がフィリピンを襲いました。
この台風によるフィリピンでの死者・行方不明者数は **約8000人** にのぼり,被災者数は **1600万人以上**,家屋の倒壊は **114万戸あまり** という類を見ないものでした。

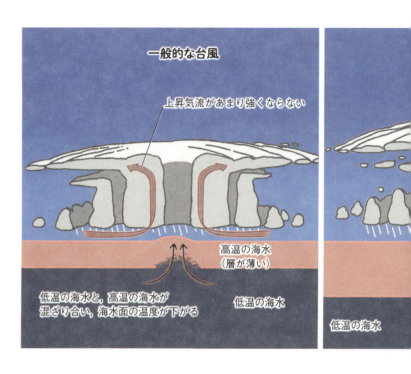

一般的な台風
上昇気流があまり強くならない
高温の海水(層が薄い)
低温の海水と，高温の海水が混ざり合い，海水面の温度が下がる
低温の海水
低温の海水

◀ お，おそろしい……。
そんな台風が日本に!?

◀ **コンピューターシミュレーション**によると，**温暖化が進んだ21世紀末に発生すると予想される最大強度の台風の平均風速は秒速88メートルにも達する**といいます。

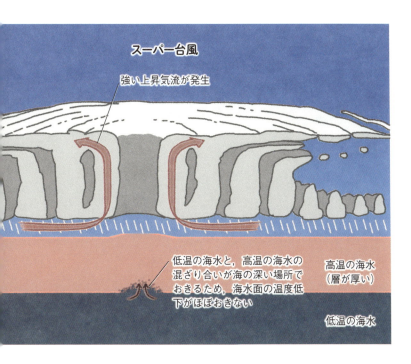

◀ さらに，スーパー台風のいくつかは，その強度を維持したまま日本付近に達する，というシミュレーション結果も出ています。

◀ 毎年そんなものすごい台風がきたら，住む場所がなくなってしまいますよ！
どうにか対策をとらないと！

巨大積乱雲「スーパーセル」が竜巻を生む

◀ さて、台風の次は、竜巻がテーマです。
日本では夏〜秋にかけて竜巻が発生することがあり、家屋などに大きな被害をもたらします。

◀ たまに竜巻が発生するとニュースになりますけど、台風にくらべるとあまり身近ではないですね。

◀ 日本ではそうですね。
でもアメリカの内陸部では、日本とはけたちがいに巨大な竜巻が数多く発生するんです。

◀ そういえば、竜巻で車が空中に吹き上げられるようすをテレビで見たことがあります。
アメリカでは、信じられないような被害を出すんでしょうね。

◀ 竜巻は、きわめて大きく発達したスーパーセルとよばれる積乱雲から生じます。
一般的な積乱雲は1時間ほどで寿命をむかえます。しかし、**スーパーセルは、数時間にわたって発達することもある、特殊な積乱雲なんです。**

◀ **数時間も！**
なぜスーパーセルは長寿命なんでしょうか？

◀ 通常の積乱雲は，下降気流が上昇気流を打ち消して，徐々に衰退していきます。

しかし，**スーパーセルは，上昇気流と下降気流の通り道がちがうんですね。だから，下降気流が積乱雲の原動力である上昇気流の邪魔をしないわけです。**

こうして，スーパーセルは，雨を降らせながら長時間発達しつづけることができるんです。

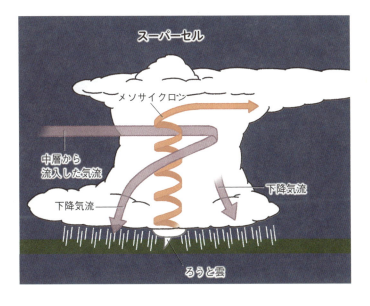

 ◀ 超巨大スーパーセルから，どうやって竜巻が発生するんでしょうか？

◀ スーパーセル内には**メソサイクロン**という，渦を巻いた上昇気流があります。
地上の風のぶつかり合いなどで生じた渦が，メソサイクロンの下にある上昇気流によって上に引きのばされるなどして，直径数十〜数百メートルほどの，細く強い渦になることがあるんです。これが竜巻です。
竜巻が生じると，スーパーセルの底から飛びでた円筒状の雲から，細長い**ろうと雲**が地上にのびていき，竜巻の姿が見えるようになります。

竜巻付近の拡大図

 ◀ 竜巻のしくみ，はじめて知りました。
そういえば，**つむじ風**もありますよね。つむじ風は竜巻とはちがうんですか？

◀ **竜巻は上空に積乱雲をともないます。一方，つむじ風は雲をともなわずに地上だけでおきます。**
一般的に，つむじ風の寿命は短く，風速も弱いことが多いです。
しかし，風速が秒速20メートル程度まで発達することもありますから，注意が必要です。

線状降水帯が「集中豪雨」をもたらす

◀ 続いて，ゆうとさんが心配している集中豪雨についてお話ししましょう。最近，集中豪雨による被害がとてもふえていますね。

◀ はい。すごく心配です。

◀ **「集中豪雨」とは，せまい範囲に数時間にわたって100〜数百ミリもの大雨が降ることをいいます。**
大雨を降らせるのは，やはり積乱雲です。

◀ どういうときに，集中豪雨になるんでしょうか？

◀ 一つの積乱雲の寿命は1時間程度で，その雨量は数十ミリ程度です。でも，**積乱雲が同じ場所で発生しつづけると，集中豪雨になります。**

109

◀ 積乱雲が同じ場所で発生しつづける？そんなことってあるんですか？

◀ 複数の積乱雲が発生しつづけるメカニズムの一つが，**バックビルディング**とよばれる現象です。

◀ **バックビルディング？**

◀ はい。上空に適度な風の流れがある状況で積乱雲が発生すると，その風に流されるようにして風下へ移動します。
発達した積乱雲からは，冷たい下降気流が吹きだし，その冷たい空気は地面にぶつかって広がります。
こうして広がった冷たい空気は地上の温かい空気を上に押し上げて，となりに新しい積乱雲を生みだすんです。
新しく生まれた積乱雲も，上空の風に流されて移動していき，**積乱雲の列**がつくられます。これがバックビルディング現象です。

風下側へつらなる積乱雲

● ポイント

バックビルディング現象
上空に適度な風の流れがある場所で積乱雲が発生した場合，積乱雲が流れて，風下側に新たな積乱雲を生みだしつづけ，積乱雲の列ができる現象。

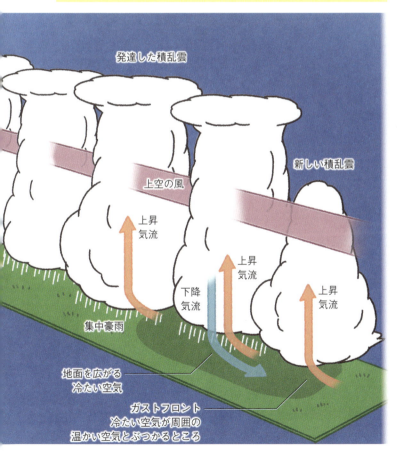

◀ こうした積乱雲の列は，長さ**数百キロメートル**になることもあって，**線状降水帯**とよばれます。
これがせまい範囲に集中豪雨をもたらし，災害を引きおこす原因となるんです。
西日本で記録的な豪雨となった，**平成30年7月豪雨**でも，このバックビルディングによって線状降水帯が生じたと考えられています。

◀ 線状降水帯って，最近ニュースでもよく耳にします。積乱雲の列が発生していたということなんですね。

● **ポイント**

線状降水帯
バックビルディング現象などによる積乱雲の列が停滞したり通過することでできる，線状の降水帯。長時間にわたって集中豪雨がつづくため，自然災害の原因となる。

◀ じゃあ，**ゲリラ豪雨**というのは？

◀ **ゲリラ豪雨は，「せまい範囲で局地的に，突然発生する，予測のむずかしい大雨」のことです。**
その実態は，**局地的大雨**とよばれる現象です。

◀ 局地的大雨の発生も，**積乱雲の発達**が鍵をにぎっています。
1時間目にお話しした「大気の状態が不安定」な状況になると，少しの空気の乱れでも，積乱雲が急速に発達することがあります。

◀ 大気の状態が不安定というのは，地上と上空の大気の温度の差が大きくて，上昇気流が発生しやすい状況のことでしたよね。

◀ そうですね。それで積乱雲が発生しやすい，ということでしたね。
こんな「不安定」な状態のとき，たとえば海から内陸へ向けて吹く海風が山の斜面を上がったり，一か所に集まったりすることで上昇気流が生まれると，**積乱雲が急速に発達します。その結果，局地的大雨となるのです。**
夏場はとくに，太陽の強い光で地表が熱せられますから，上昇気流が発生しやすく，大気の状態が不安定になりやすいんですね。

◀ なるほど……。だから夏にゲリラ豪雨がおきやすいのか。

◀ そうです。局地的大雨は，とくに都市部では排水が追いつかず，**浸水**などの被害をもたらす**都市型水害**の原因となります。

3時間目 「気象災害」と「異常気象」

30年に1度の極端な気象を異常気象という

◀ 大雨や大雪，記録的な猛暑……。
最近，異常気象という言葉をよく聞く気がします。
そもそも異常気象って何なんでしょうか？

◀ 気象庁の定義によれば，**異常気象とは，「ある場所・ある時期において30年に1回以下の頻度で発生する現象」**とされています。

◀ 30年に1回？

◀ 30年という期間は，およそ「1世代」を指しています。
つまり，**1世代の間に1度あるかどうか**という，まれな現象を「異常気象」とよんでいるようです。

◀ 1世代で1回か……。
ん，でもちょっと待ってください。異常気象ってかなり頻繁に聞いてる気がします。30年に1度とはとても思えないんですけど。

◀ これは，さっき紹介した定義の中の「ある場所・ある時期において」というのがポイントです。

◀ "ある場所"には，たとえば関東といった**地方**，東日本といった**地域**，日本といった**国**など，さまざまな場所がありますよね。
また，"ある時期"には，たとえば，1月といった**月**，夏といった**季節**など，複数の時期があります。

◀ たしかに……。

◀ さらに，異常気象には，**異常高温**，**異常低温**，**異常多雨**，**異常少雨**などの複数の"現象"があるわけです。
つまり，ある特定の場所・時期で見れば30年に1回のまれな現象であっても，世界全体で見れば，毎年たくさんの異常気象が発生している，ということになりますよね。
だから印象としては「まれでない」「毎年発生している」と感じられるのかもしれません。

◀ うーん……。
理屈ではわかりましたけど……，それでも異常気象という言葉を聞く頻度が，最近はとても高いような気がするんだけどなあ。

◀ そうですね。気象庁の定義では，30年に1度の現象ですが，一般には，出現頻度に関わらず，災害をもたらすような気象を「異常気象」とよぶ場合もありますからね。
報道などではこちらが使われることも多いようです。

◀ なるほど。そういうことでしたか。

◀ また，異常に対する「通常」に近い意味をもつ言葉として，平年がよく使われます。こちらにも定義があります。

◀ 平年……，天気予報でよく聞きます。
平年はどういう意味なんですか？

◀ 平年は，気象の世界では30年間の平均値を意味します。
2025年現在，「平年よりも○℃高い」，「平年の○倍の降水量」という数値は，1991～2020年の各観測値の平均を基準としたものになるんですね。

◀ この数値は10年ごとに更新されて、2031年からは2001〜2030年の平均値が使われることになります。

◀ ということは、このまま異常気象があちこちでおこって、夏は全国あちこちで暑くなっていくと、「平年」の数字も10年ごとにどんどん上がっていきますね。

◀ そうですね。「異常が普通になる」ということが、近い将来、おきうるのかもしれませんね。

● ポイント

異常気象の定義
ある場所・ある時期において30年に1回以下の頻度で発生する現象。
※報道などでは、この定義にかかわらず、災害をもたらすような気象を「異常気象」という場合もある。

平年の定義
30年間の平均値のこと。平均値は10年ごとに更新される。

3時間目 「気象災害」と「異常気象」

異常気象はさまざまな要因がからみ合っておきる

◀ 先生，記録的な猛暑とか大雨などの異常気象はやっぱり，**地球温暖化**の影響ですか？

◀ 二酸化炭素などの**温室効果ガス**の増加による地球温暖化の，気象への影響はもちろん大きいですが，実のところ，そう単純でもないんです。

◀ どういうことでしょうか？

◀ **自然のゆらぎ**も，異常気象を引きおこす要因の一つになるんです。この「自然のゆらぎ」が，「いつ，どこで，どのような異常気象がおきるのか」という予測を立てることを困難にしているんです。

◀ ゆらぎ？

◀ はい。**気温や大気の流れ，海流は毎年自然に変動します。これがゆらぎです。**
夏は暑いですが，その暑さが年によってことなるのは，主にこの自然のゆらぎのためなんです。

◀ それは当然でしょう。

◀ 毎年毎年，同じ日にぴったり同じ温度なんてこと，あり得ないですもんね。

◀ このような自然のゆらぎがあらわれるのは，地球の気候システムに元々備わった，**カオス**という性質によるものといわれています。
カオスというのは，最初の状態がほんの少しちがうだけで，将来非常に大きなちがいが生まれる，という現象です。
気候システムはこのカオスの性質をもつため，気象の長期予報はむずかしいんです。

◀ そういえば，**バタフライエフェクト**って言葉を聞いたことがあります。
チョウの羽ばたきが引き金となって，遠い場所で嵐がおきることもある，みたいな。

◀ そうですね。バタフライエフェクトというのはカオスを説明するときによく使われる話です。
しかし，異常気象の要因は，自然のゆらぎだけではありません。
たとえば，大規模な**火山噴火**がおきると，地表付近に届く太陽光の量が減りますよね。また，長い目で見れば，地球の**自転軸の傾き**や，**公転軌道**も変化します。
さらに**太陽活動の変化**も，地球環境に大きな影響を与えます。
このような変化と自然のゆらぎによって気候は変動し，異常気象はおきるんです。

地球温暖化は確実に進行している

◀ とはいえ，熱波や寒波，干ばつ，豪雨など，さまざまな異常気象の発生と地球温暖化が関係していることは，どうも確実のようです。

◀ やっぱりそうなんですね。
異常気象と地球温暖化……。
そういえば，最近SNSで，「温室効果ガスなんてものはない，あれは嘘だ！」「地球温暖化なんて進んでいない！」っていってる人がいました。「いいね」がいっぱいついてたし……。
地球温暖化って本当に進行しているんですか？

◀ 国連気候変動に関する政府間パネル（IPCC）が2021年に公表した，地球温暖化に関する第6次評価報告書によると，地球の表面が温暖化していることは事実であり，それにともなう海面上昇などのさまざまな気候の変化がおきていることが複数のデータから確かめられています。
さらに報告書は，「20世紀半ば以降の地球温暖化は，人間活動が主な要因であることに疑う余地はない」と結論づけていますね。

◀ 人間活動というと？

◀ **人間活動とは，二酸化炭素などの温室効果ガスの濃度の増加，つまり人間による化石燃料の燃焼です。**

産業革命が世界へと広まっていった1870年ごろ，二酸化炭素の大気濃度は278ppmほどでした（1ppmは0.0001％）。

しかしその後，二酸化炭素濃度は急増し，2023年には419.3ppmにまで至っています。この間に，世界の平均地表気温（陸上と海上のすべての平均）は約1.1℃も上昇しています。

これは温室効果ガスの増加以外の理由では説明がつかないんです。

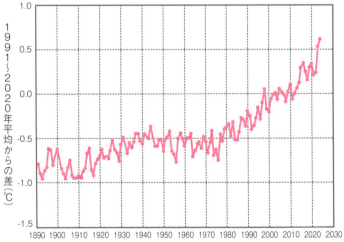

出典：気象庁「世界の年平均気温偏差の経年変化（1891～2024年：速報値）」

世界の年平均気温は，長期的に見ると，100年あたり0.77℃の割合で上昇している。

やっぱり，**地球温暖化は確実に進んでいるのか……**。
そもそもなぜ，二酸化炭素が増えると地球は温暖化するんですか？

くわしく説明しましょう。
地球は太陽から届けられる光（可視光）によって温められています。このエネルギーを**太陽放射**といいます。
しかし，このエネルギーのすべてが地球を温めるのに使われるわけではありません。**地球は太陽から届けられたエネルギーの一部を赤外線として，ふたたび宇宙空間へと放射しているんです。**

ふむふむ。

地球の大気には**水蒸気**や**二酸化炭素**が含まれています。これらの物質は，地表から放射される**赤外線**を吸収するという特徴をもっています。
赤外線を吸収したこれらの気体分子は，ふたたび赤外線を四方八方に放射します。
この**再放射**によって，地表はさらに温められます。
赤外線のはたらきで大気が地球を温めるこの現象は，「温室効果」とよばれます。

◀ この温室効果が諸悪の根源なんですね！

◀ いえいえ，悪い面ばかりじゃありません。
この温室効果のおかげで，地球の気温は平均で15℃ほどに保たれているのです。
水蒸気と二酸化炭素に加え，**一酸化二窒素**や**メタン**といった気体も地球を温めるはたらきをもつため，これらの気体はあわせて**温室効果ガス**とよばれます。

◀ なるほど。
「温室効果」というのは，なかったら困るものでもあるのかぁ。

温室効果ガスが地球を温めるしくみ

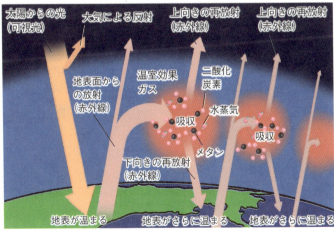

そうです。もし大気による温室効果がなかった場合，地表の平均温度は－18℃程度になると考えられています。

そんなに低くなってしまうんですか！

ところが人類は，とくに18世紀半ばの産業革命以降，**石油や石炭などの多くの化石燃料を燃やすことで，大量の二酸化炭素を排出してきました。その結果，大気中の二酸化炭素の濃度は急増の一途をたどり，地球温暖化が進行してしまいました。**
さらに人類は同時に，メタンや一酸化二窒素の大気濃度も急増させているんです。

温室効果がはたらきすぎているんですね……。

2015年に締結された，新たな地球温暖化対策の枠組みとなる**パリ協定**では，産業革命前の平均気温に対して，**今世紀末までに気温上昇を2℃未満，できれば1.5℃未満におさえることが合意されました。**

気温上昇をおさえるには，どうすればいいんですか？

◀ そのためには，当たり前ですが<mark>温室効果ガスの排出を減らすことが重要です。</mark>
エネルギー・経済統計要覧によると，人類は毎年，二酸化炭素を**約330億トン**排出しているといいます。一方で，今世紀末までの気温上昇を2℃未満にするためには，二酸化炭素の排出量を，今後，総量で**1兆トン程度**に抑える必要があるといいます。

 ◀ 毎年330億トンのペースで排出をつづければ，30年で目標の上限に達してしまうんですね。**とても今世紀末までもたない。**

 ◀ その通りです。
一刻も早く，**世界が一丸となって，地球温暖化への対策**をとる必要があります。

北極の氷が夏にはすべて溶けるかもしれない

◀ このまま温暖化の対策がとられないと，何がおきるんでしょうか？

◀ IPCCは，温室効果ガス排出量が将来的に「非常に少ない」「少ない」「中間」「多い」「非常に多い」状況となる五つの排出シナリオを想定し，今後の平均気温の変化などを予測しています。それによると，五つの排出シナリオのいずれでも，2021〜2040年の平均気温の上昇が，産業革命前にくらべて1.5℃に達する可能性が50％以上あるとしています。

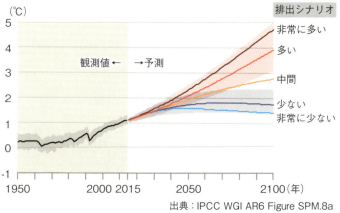

1950〜1900年を基準とした世界平均気温の変化

出典：IPCC WGI AR6 Figure SPM.8a

◀ 1.5℃ですか!?

 ◀ さらに今後，**地球上のほとんどの陸域で，猛暑日や熱波が発生する頻度が増えることは，ほぼ確実だと考えられています。**
なお，地球の温度は均一に上がるわけではなく，特に北極やロシア，カナダといった高緯度地域のほうが，温度上昇がはげしいと予想されています。

 ◀ 北の寒い地域の方が，温度上昇がはげしいなんて驚きです。

 ◀ 高緯度地域は，広い範囲が氷で覆われていますよね。氷は，太陽光を鏡のように反射するため，普段はその地域の温度は上がりづらい特徴があります。
しかし温暖化によって氷が溶けると，太陽熱を吸収する地表面が露出するため，気温の上昇を招いてしまうのです。

 ◀ 温暖化で氷が溶けると，気温が上がるんですね。

 ◀ ええ，さらに，いったん氷が溶けはじめると，その地域の温度が上がりやすくなり，さらに氷が溶けて……，という**悪循環**に陥ることになります。

◀ 一度氷が溶けはじめると、どんどん加速していくのか。

◀ また、温暖化によって海の水温が上がると、海水が膨張するため、海面が上昇します。
IPCCの報告書によると、温室効果ガスの排出量が「少ない」シナリオでも海面水位は0.32〜0.62メートル、「非常に多い」シナリオでは0.63〜1.01メートル上昇すると予測されています。
これにより、海抜の低い島々が水没したり、高潮や津波の被害が増大したりすると考えられているんです。

◀ 北極の氷は、どれくらいもちそうですか？

◀ シミュレーションによると、今後、温暖化の対策を取らなかった場合、**2050年頃には北極の氷が夏には完全に消失してしまう可能性があるようです。**

◀ 2050年って、結構すぐじゃないですか！

◀ だから、温暖化の対策は、急務なんです。
とくに、北極の氷は地球全体の気候に非常に大きな影響を及ぼしています。

◀ **大きな影響？**

◀ 北極海に浮かぶ氷上の年間平均気温は−30℃ほどです。
一方で，海水温は0℃までしか下がりません。つまり，氷上とくらべると，海水はまるで**熱湯**みたいなものなんです。
氷上よりも相対的に温度の高い海水面が露出すると，その上にある大気の温度も上昇することになりますよね。
その結果，上空の気圧が変化し，**風の流れ**が大きく変化します。

◀ すると，**全地球規模で気候が変わる**ということ？

◀ まさにその可能性があるということです！

◀ **まずいですね！**

◀ また，温暖化は**降水量**にも影響を与えます。
気温が上がると，大気中に存在できる水蒸気量が増加します。すると雲の発達が進み，地球全体で見ると降水量が増える結果になるんです。
また，単に雨の量が増えるだけでなく，集中豪雨の発生も増えそうです。

◀ たしかに最近，集中豪雨の被害がよく報道されるようになった気がする……。

◀ そうですね。すでに日本でも強い雨が増加しつつあるようです。次のグラフは，1日の降水量が50ミリメートル以上の大雨について，全国にある気象庁**アメダス**の1975年から2015年までの記録をもとに，年間の発生回数を集計したものです。赤線は，この期間における長期的な傾向をあらわしています。

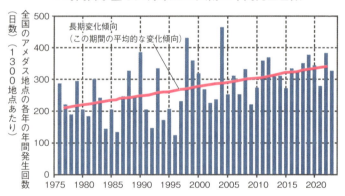

出典：気象庁「気候変動監視レポート2023」

◀ 赤線が右肩上がりですね。

◀ そうなんです。
大雨の発生回数が徐々に増加していることが，このグラフからわかります。
ただし，全体として雨の量が増えているというわけではありません。大雨が降る回数が増える一方で，まったく雨が降らない日も多くなっているという結果も出ています。つまり近年は，**雨が異常に多いか，もしくは異常に少ないかという，両極端となる傾向が強くなってきているのです。**

 ◀ 両極端に……。

 ◀ 地域的に見ると，あるところで局所的に雨が降ることで，これまで雨が降っていた場所では雨が降らなくなり，干ばつに陥る可能性もあります。
要するに，降水量の地域差が大きくなるんですね。

 ◀ じゃあ，農業にもすごく影響が出ますね……。
いや，それだけじゃないですよね。
温暖化を防ぐためにできることを何かしないと。

世界の気象を変える「エルニーニョ現象」

◀ 異常気象を引きおこす原因で，もう一つ大きなものを挙げておきましょう。
　エルニーニョ現象って聞いたことありますか？

◀ ニュースで聞いたことがあります。

◀ 2015年秋から2016年春にかけて，世界各地で異常な高温が発生しました。日本も例外ではなく，近年例を見なかったほどの暖冬になりました。
　この暖冬の原因の一つが,「エルニーニョ現象」だと考えられています。

◀ エルニーニョ現象ってどういう現象なんですか？

◀ エルニーニョ現象というのは，およそ4～5年に一度，**東太平洋の赤道付近**の海水温が，広い範囲にわたって**上昇**する現象です。
　エルニーニョ現象が発生すると，世界規模で異常気象がおきやすくなります。

◀ エルニーニョ現象も，地球温暖化によって引きおこされるんでしょうか？

◀ エルニーニョ現象自体は、古くからおきている**ごく自然な現象**です。

通常、太平洋の赤道付近では東から西向きにつねに貿易風が吹いていて、海の表層にある温かい海水は西側にたまっています（イラスト上）。

しかし4～5年に一度、西向きの貿易風が弱まり、いつもは西に追いやられている温かい海水が、東側に流れこむことがあるんですね。

すると東側の海水温が1℃～5℃も上昇します。これが「エルニーニョ現象」です（イラスト下）。

通常の状態

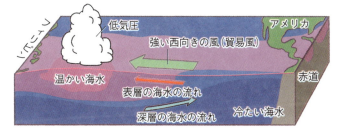

エルニーニョ現象

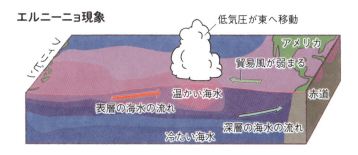

うーん，海の温かい領域が移動しただけなのに，なぜ，世界規模で影響が出るんでしょうか？

温かい海水は**さかんに蒸発**しますよね。すると，その上の空気が温まって，**上昇気流**が発生します。そのためエルニーニョ現象がおきると，普段は西側にある低気圧も，温かい海水とともに東に移ってくることになります。

赤道付近の**低気圧の位置**が変わっちゃうのか……。

天候を左右する低気圧や高気圧は，世界各地でたがいに影響をおよぼし合っています。
ですから，**エルニーニョ現象による太平洋上の低気圧の位置の変化は，連鎖的に世界中の大気の状態を変えてしまうんですよ。**

● ポイント

エルニーニョ現象
4〜5年に一度，東太平洋の赤道付近の海水温が，広い範囲にわたって上昇する現象。
太平洋の赤道付近で，貿易風の影響で西側にたまっている温かい海水が，貿易風の弱まりによって東側に流れこむことで発生する。温かい海水が上昇することで気圧の配置が変わり，世界中の天気に影響が出る。

◀ それが、世界規模で異常気象を引きおこす、ということですね。

◀ その通りです。
ちなみに、普段よりも貿易風が強まって、東太平洋の赤道付近で海水温度が通常時より下がることがあります。これを**ラニーニャ現象**といいます。
ラニーニャ現象も異常気象の原因となります。

◀ なるほど。
これらの現象は自然におきるもので、地球温暖化とは何の関係もないわけですね？

◀ 本来的にはそうですね。
ただ、地球温暖化が進行すると、エルニーニョ現象が強くなり、日本やアメリカ大陸では豪雨の頻度が増す可能性がある、との研究結果が発表されています。

◀ ここにも**地球温暖化**が影響するのか……。

◀ 100年規模の長期的な気候変動である地球温暖化と、数年規模でおきるエルニーニョ現象がどのように関わっているのかについては、まだわからないことが多くあり、今後も研究をつづけていく必要があります。

4時間目

天気予報のしくみ

大気を観測して、天気を予測！

毎日の生活に欠かせない「天気予報」。天気予報は、どのようにして作成され、私たちのもとに届くのでしょう。ここでは、天気予報のキホンを紹介しましょう。

陸、海、空、そして宇宙から大気を観測

◀ ここまで天気のしくみについて勉強したら、毎朝見ているテレビの**天気予報**を、これまでとちがう視点で見ることができそうな気がします。それにしても、天気予報ってすごいですよね。どうやって天気の予測をしているんだろう。

◀ それでは最後に，天気予報について紹介していきましょう。

◀ **お願いします！**

◀ 人類は古くから，天気を予想しようとしてきました。
そのため，天気にまつわる**言い伝え**は，各地に数限りないほど存在しています。
たとえば，**「夕焼けの次の日は晴れ」**という言い伝えがあります。これは，西の空に雲がなく夕焼けがよく見えるとき，その翌日も晴れるというものです。

◀ なるほど。この言い伝えは正しいんですか？

◀ うーん，この言い伝えは必ずあたるというものではありません。

◀ じゃあ，テレビでやっているような**精度の高い天気予報**は，いったいどうやって行っているんでしょうか？

◀ 天気は，大気や水の**ふるまい**によって変化します。ですから，天気の変化を予測するには，気温や気圧，水蒸気の量などの**大気の状態**を知る必要があります。

◀ **さらに！** 地上の情報だけでは足りません。私たちが住む地表は大気の<u>底</u>であり，天気の変化を引きおこす重要な原因は<u>上空</u>にあります。ですから，**天気予報には，地表から上空までの大気を立体的に把握することが欠かせないんです。**

◀ えーっ，上空の大気のようすなんて，どうやったらわかるんですか!?

◀ 観測機器が今よりとぼしい時代，上空の大気のようすは，雲の変化や地上の気圧の変化などから，**間接的に推測**していました。
しかし，1930年代に，気球に観測機を吊るして上空に放つ**ゾンデ**を使った高層気象観測がはじまりました。

◀ へええ〜！ 気球に観測機を吊り下げるなんて，すごい発想ですね。

◀ 今でも，世界各国で**1日に2回**，決まった時間にゾンデによる観測を行なっているんですよ。
さらに現代では，ゾンデのほかにも，さまざまな観測機器が用いられています。
それらによって，**気圧，気温，風向風速，水蒸気量**などの大気の状態を，対流圏（地表からおよそ8〜16km上空まで）よりさらに高い領域までとらえることができるようになっています。

◀ どんな観測機器があるんでしょうか？

◀ まず，地上では，**気象台**や**自動観測装置**が，その地点の気象を直接観測しています。

アメダスって聞いたことあるでしょう？　あれは，自動観測システムのことで，Automated Meteorological Data Acquisition System（地域気象観測システム）の略なんですよ。

アメダスの観測システムは，約17キロメートル四方に1か所の割合で設置されていて，雨量を観測しています。その観測地点は1300か所にもなります。

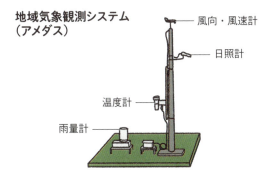

地域気象観測システム（アメダス）
- 風向・風速計
- 日照計
- 温度計
- 雨量計

◀ そんなにたくさんあるんですか!?

◀ はい。そのうちの840か所では、雨量だけでなく、その地点の風向、風速、気温、日照時間なども観測しています。
さらに雪の多い地方の約320か所のアメダスでは、積雪の深さも観測しています。

◀ 地上の様子は、アメダスでばっちり観測しているわけなんですね。

◀ ええ、そうです。一方、上空の大気は、気象レーダーやウィンドプロファイラが、地上から観測しています。
気象レーダーは、周囲約数百キロメートルという広範囲の雨雲や雪雲を観測する装置です。
電波を上空に出して、雨や雪で反射したマイクロ波を観測することで、降水強度や降水域内の風の分布を知ることができるんです。

気象レーダー

◀ **すっごい！**
レーダーって，そんなことまでわかるんですね。

◀ すごいでしょう。
そして，**ウィンドプロファイラは，風に電波をあてて観測する装置です。**
電波を上空に発射し，大気の乱れや雨粒で散乱されて戻ってきた電波から，風の動きを知ります。これは全国に33か所設置されています。
また，地上だけでなく海上でも，船やブイを使って気象観測を行っています。

◀ 海の上からも！　もう万全の態勢じゃないですか。

◀ **さらにさらに！**
上空では気象衛星，それに航空機が気象観測を行っています。気象衛星は，アメリカ，ヨーロッパ，日本，中国，インドが国際協力のもと運用しています。

◀ すごいな〜！
気象衛星ひまわりって天気予報でよく聞きます！

◀ そうでしょう。気象衛星による観測は，海上の観測不足をおぎなう役目があります。

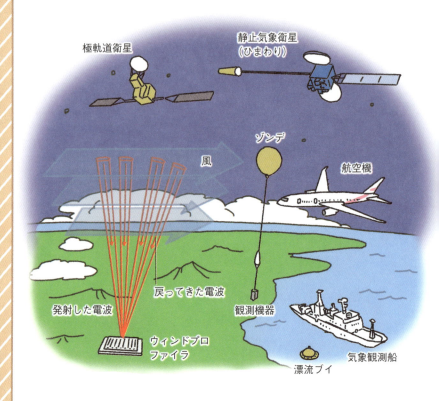

 ◀ なかでも，**気象衛星ひまわりは，地球の自転と同じ周期で地球をまわる静止衛星です。**
ひまわりのおかげで，ほぼリアルタイムで日本上空の雲の位置などがわかるんですよ。

 ◀ うわぁ〜！ 地球を丸ごと観測してる感じですね。

スーパーコンピューターで，地球の大気をシミュレーション

◀ いろんな観測機器から，大気の情報を得ていることがよくわかりました。それらの情報から，どうやって天気予報がつくられるんでしょうか？

◀ 現代の天気予報は，**スーパーコンピューター（スパコン）**が，膨大な計算をしてはじきだした「数値予報」を土台としています。

◀ **すうちよほう？**
てっきり，テレビで解説している**気象予報士**の人がいろいろ考えて，予報を出しているのかと思っていました……。

◀ ええ，それもまちがいではありません。
気象庁の予報官や民間の気象予報士は，コンピューターが出した数値予報の結果をもとに，地域ごとの特性などを考慮して精度を高めた天気予報を作成するんです。そしてその予報が，最終的に私たちのもとに届けられるんですよ。

◀ じゃあ，数値予報がないと何もはじまらないわけですね。コンピューターが，いったいどうやって予報をするんですか？

4 時間目 天気予報のしくみ

◀ 数値予報ではまず,コンピューター上に**仮想の地球と大気**を設定します。**その大気を細かな格子にくぎり,それぞれの格子に,温度や湿度といった大気の状態をあらわす値を割りあてていくんです。**
そして,温度や湿度などの値が各格子でどのように時間変化するのか,つまり地球全体の気象がどのように変化するのかを,物理法則に基づいた予報のプログラムを用いて計算するんです。

◀ そんなことが行われているとは!

◀ 計算をはじめる際に,あらかじめすべての格子にあたえておく値を**初期値**とよびます。**この初期値に,世界から集めた現実の観測データが使われるわけなんです。**

◀ なるほど〜。スパコンとはいえ,地球全体を計算するんだから,かなり時間がかかるんでしょうね?

◀ 地球全体の大気の状態を予想するモデルを**全球大気モデル**とよびます。1日先の全世界の天気であれば,わずか**10分程度**で予測できてしまいます。

◀ **そんなに速く!?**
スパコンさすがだな!

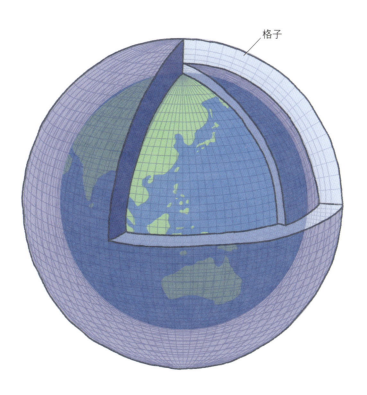
格子

◀ 全球大気モデルは，いくつかの国の**気象機関**が，独自に開発と運用を行っています。
たとえば，日本では**気象庁**，ヨーロッパでは**ヨーロッパ中期予報センター**や**イギリス気象局**，アメリカでは**国立環境予測センター**などです。

◀ へぇ，世界中で，全球大気モデルの運用と開発が行われているんですね。

◀ そうなんですよ。さて、この数値予報について、もう少し補足しておきましょう。
気象には、高・低気圧や積乱雲など、さまざまな規模の現象があります。
数値予報のモデルは、格子間隔が細かくなるほど、小さい規模の現象まで再現できるようになります。
でもそうなると、計算量が膨大になっていきます。ですから、予報したい気象の規模に合わせた設定が必要になります。

◀ 細かいところまで精度よく予想しようとすると、コンピューターが大変になるわけですね。

◀ ええ。ですから、規模の小さい、局地的な気象を予報するためには、予測する地域をしぼるなどの工夫が必要です。
計算量を減らすことで、細かい格子間隔でも効率的に計算を行うことができるんです。

◀ スパコンとはいえ、そういう工夫が必要なんですね。

◀ このような局所的な計算モデルは、気象庁だけでなく、一部の民間事業者も独自に開発し、それぞれの予報を行っています。

計算値を翻訳して、天気予報は完成する

◀ ということで、ここまで説明してきたことを踏まえて、コンピューターを使った数値予報の全体像を見てみましょう。

◀ くじけそうですが、がんばります……。

◀ まず、予報計算は、「地球全体の現在の大気の状態」を出発点、つまり「初期値」として計算をスタートします。
しかし、気象衛星が広く観測しているとはいえ、広大な大気の現在のようすを、すべての地点で知ることは困難です。

◀ そうなんですか。
あんなにあちこちから観測してるのに。

◀ モデルのすべての格子を埋めるほどの観測データは、現代の気象観測網をもってしても得られないんです。
そのため、一つ前につくられた予報結果が初期値のベースとして利用されます。
以前のデータをもとに、「現在」の大気を予想するわけですね。このとき入力された値を第一推定値とよびます（次のページのイラスト1）。

◀ これが**スタート地点**ということですね。

◀ はい。
次に,「第一推定値」と,「最新の観測値」を照らし合わせて,ずれのある個所を修正します。最新の観測データが反映された,「もっともらしい現在の大気の状態」が数値化されるわけですね(イラスト2)。
これが計算を行う前の初期値として利用されます。

◀ 「初期値」ができるまでも,けっこう手間がかかりますねえ。

◀ 初期値づくりは,数値予報の精度にとって,**非常に重要な過程**なんです。
119ページでカオスの説明をしましたね。**数値予報でも,小さな誤差が時間とともに増大する性質があります。いかに誤差の少ない初期値をつくるかが,予測精度を左右するんです。**

◀ なるほど。それで,いよいよ予報の計算となるわけですね。

◀ そうです。コンピューターが初期値をもとに計算を行います。
そして計算のあとには,結果の**自動補正**が行われます。

1. コンピューターで予想した
"現在の大気"

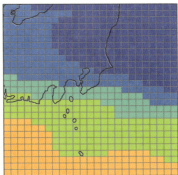

最新の観測データ

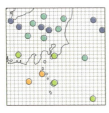

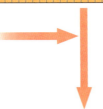

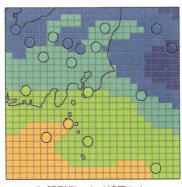

2. 観測データで補正した
"現在の大気"

◀ たとえば，モデルの格子の粗さでは無視されてしまう小さな島や盆地も，その付近の気温や雨量などに大きな影響をあたえます。
<mark>そこで，そのような地域ごとの特性に合わせるよう，気温が高くなりやすい地形の場所は気温を高めにするなど，予報計算で出した値を補正するのです。</mark>
この補正は，過去の統計データをもとに，自動処理されています。

◀ **へええ〜！** それで，ようやくテレビで見るような天気予報に，って流れですか？

◀ その前に！ まだやることがあるんです。予報計算のあとには，予報業務に利用しやすい形にデータを変換する処理が行われます。

◀ データを変換？

◀ はい。数値予報の結果というのは，数字の羅列なんです。ですから，そのままではあつかいにくいわけです。そこで，コンピューターに「晴れ」や「雨」などの天気，降水確率，最高気温・最低気温など，人が理解しやすい形へデータ変換，つまり**翻訳**を行わせるんです（イラスト3）。

◀ **やっと，普段の天気予報の形になった！**
いやぁー厳しい道のりでした。

3. 精度を高める／"翻訳"する

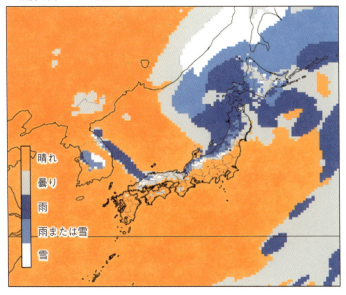

天気図から天気がわかる！

◀ 先生，**天気図**ってありますよね？　地図の上にいろいろ線が入っているやつ。
あの見方が知りたいです。

◀ では最後に，天気図の見方についてお話ししましょう。
数値予報の結果や最新の観測データなどの気象資料をもとに，地域別の天気を予想するのが天気予報なわけですが，**その気象資料の中心になるのが「天気図」なんです。**

◀ ふむふむ。

◀ 実は，天気図にはいくつか種類があります。
まずはニュースや新聞でよく見る，地上の大気のようすをえがいた**地上天気図**を紹介しましょう。次のイラストを見てください。

◀ ぐねぐね曲がりくねった線ばかりですね。

◀ この曲がりくねった線は，気圧が同じ地点を結んだ**等圧線**です。地図の等高線に似ていますね。

◀ 等圧線は1000hPaを基準にして4hPaごとに引かれていて，20hPaごとに太線でえがかれています。

2014年3月5日21時（日本時間）の天気図です。関東地方の東の海上と三陸沖に低気圧があり，北東に進んでいます。低気圧や前線の付近で，天気がくずれていると予想されます。

① 等圧線
気圧が同じ地点を結んだ線。1000hPaを基準にして，4hPaごとにひかれ，20hPaごとに太線でえがかれる。

② 低気圧（L）

② 高気圧（H）

③ 前線

天気記号

② 周囲より気圧が低いと「低気圧」，周囲より気圧が高いと「高気圧」
高気圧は「高」や「H」（Highの略），低気圧は「低」や「L」（Lowの略）の記号で示されます。高気圧や低気圧の中心には「×」印が記され，気圧の値が「hPa」の単位で示されます。高気圧では晴れやすく，低気圧では天気がくずれやすくなります。

③ 前線
前線は移動方向などによって種類がことなります。寒気団側に移動する温暖前線，暖気団側に移動する寒冷前線，同じ位置にとどまっている停滞前線，寒冷前線が温暖前線に追いつく閉塞前線があります。前線では上昇気流があるため，悪天候になりやすいです。

4時間目 天気予報のしくみ

◀ この等圧線では，何がわかるんですか？

◀ **等圧線によって，大気の流れ，つまり風を把握できます。**

風はおおよそ気圧の高い場所から低い場所へ向かって吹きますから，気圧の高低から風の向きがわかります。

さらに気圧の変化が急激なほど風は強く吹きますから，等圧線の間隔から風の強さを読みとることができます。

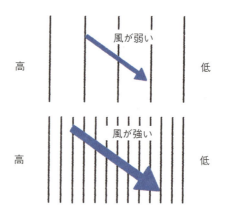

 ◀ 等圧線の間隔がせまいということは，急激に気圧が変わっているということだから，風が強いってことでしょうか？

 ◀ その通りです！

◀ それから、等圧線の上には、HとかXとかいろんな記号や数字が載っていますね。これは何をあらわしているんですか？

◀ まず、等圧線が輪っかのように閉じて、周囲より気圧が高い場所は「高気圧」、低い場所は「低気圧」です。
天気図では、高気圧は高やH、低気圧は低やLの記号で示されています。
高気圧や低気圧の中心には×印が記され、気圧の値がhPaの単位で示されています。

◀ ふむふむ。つまり、Hの場所は高気圧で下降気流が生じているためいい天気。Lの場所は低気圧で上昇気流が生じているため天気が悪い……、そういうことですね！

◀ 完璧ですね！

● memo

高気圧……「高」や「H」（天気がよい）
低気圧……「低」や「L」（天気が悪い）

◀ それから、下の方にある前線もわかります！

◀ そうそう。三角が**寒冷前線**，丸は**温暖前線**ですね。

◀ 今まで聞いてきたことが，天気図で目に見えるかたちになっているわけですね！　なんだか楽しい！

◀ いいですね〜。
このように，地上天気図の高気圧や低気圧の位置，前線の位置に注目することで，現在の天気のおおまかな傾向を把握することができるんです！

◀ **なるほどなあ……。**
これでまた天気予報を見る目が変わりそうです。

天気が一目でわかる天気記号

◀ 先生，ちょっと待ってください。
さっきの天気図ですけど，よ〜く見ると，等圧線や前線をあらわす記号以外にもなんだか**変なかたちの記号**があります。
丸から線が飛び出たようなのとか……。

◀ ああ，**天気記号**のことですね。

◀ **天気記号は，観測地点の天気のようすをあらわすものなんですよ。**

世界中で一般的に使われるのが，**国際式天気記号**です。

国際式天気記号では，丸い円の中に**雲量**を表し，円の上下に上層・中層・下層の**雲形**を記します。

国際式天気記号

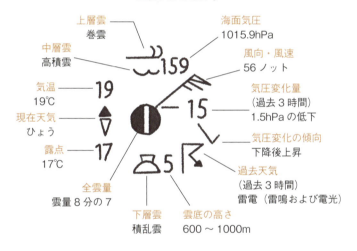

◀ 円の左右は現在の天気，悪天候が観測されたときは過去の天気を示します。

それから，気温や露点，つまり水蒸気を含む空気が冷えたときに結露する温度や，気圧変化の情報までわかるようになっています。

◀ 一方，日本の新聞やニュースでは，国際式天気記号を簡単にした**日本式天気記号**が使われます。155ページの天気図に書きこまれていたのは，日本式の天気記号ですね。日本式の天気記号はこんな感じです。

日本式天気記号

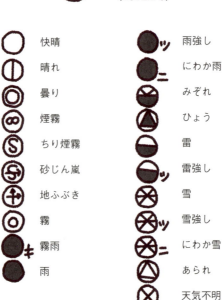

ああ、丸から線が飛び出たようなのは、日本式天気記号だったんですね。

そうです。日本式天気記号では、丸い円の中に天気をあらわします。矢羽根の向きは16方位の風向き、羽根の数が風力をあらわしているんです。

へええ。国際式にくらべると、ずいぶんすっきりしていますね。

ええ。国際式は過去の天気までわかるようになっているのに対し、日本式は簡便なものとなっているんです。

春夏秋冬の天気図を見てみよう!

さて、ここからは日本の春夏秋冬それぞれの、代表的な天気図を見ていきましょう。

2時間目にやった日本の四季を、天気図で眺めるってことですね!

その通りです!
天気図を見れば、日本全体の天気がどのような傾向にあるのかがわかりますよ。
まず、春や秋の天気図を見てみましょう。

春・秋

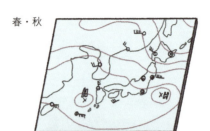

◀ この天気図には、**西から東に移動する移動性高気圧**が見られます。
この高気圧の影響で、この日は全国的に天気は**晴れ**で、雲はあまり見られません。

◀ たしか、春と秋は天気が変わりやすいんでしたよね。

◀ 天気の移り変わりがわかるような天気図も見てみましょう。次の天気図は、1995年4月13日朝9時から24時間ごとのものです。

◀ 低気圧が左からやってきて、右に動いているように見えますね。

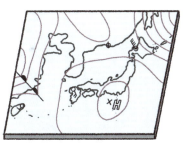

本州付近は，高気圧におおわれておおむね晴れ。

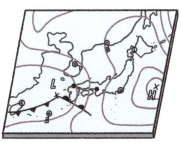

低気圧があらわれ，西日本では雨。

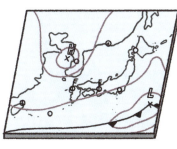

低気圧が去り，ふたたび高気圧がおおい全国的に天気は回復。

◀ はい。1枚目では，本州付近は高気圧におおわれて，おおむね**晴れ**でした。
しかし，2枚目では，西から低気圧があらわれ，西日本では**雨**となっています。
そして3枚目で低気圧が東の方へ去り，再び高気圧の影響で全国的に**天気は回復**しています。

◀ こんなふうに，高気圧と低気圧が次々とやってくるから春と秋は天気が変わりやすいんですね。

 ◀ その通りです。
次に，**夏の天気図**を見てみましょう。
右下の方から高気圧が張りだしています。

 ◀ **太平洋高気圧**ですね！　晴れそうです！

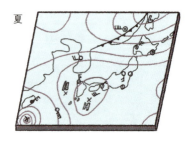

そうですね。この高気圧におおわれていると，日本付近を低気圧が通過することも少なく，天気のよい日がつづきます。「南高北低の気圧配置」ということですね。
　さて，最後に冬の天気図です。冬は西側の気圧が高く，東側が低くなっていますよね。

「西高東低の気圧配置」ですね!?

その通りです。日本付近の等圧線がほぼ南北に走って，気圧は西が高く，東が低くなっています。

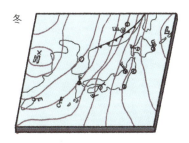

◀ ということは，風向きは西から東ですよね？

 ◀ 気圧配置からいうとそうですが，地球の自転の影響で風向きは曲げられて，北西の風が吹くことになるんです。
こうして，日本海側は雪や雨が多く，太平洋側は晴れて乾燥するという日本の冬の気候が読み取れるわけです。

 ◀ 季節ごとの傾向を考えれば，天気図を見ることで，日本全体のようすがわかりそうです！

温帯低気圧の一生を天気図で知る

 ◀ さて次は，頻繁に悪天候をもたらす**温帯低気圧**が，発達して，衰退していくようすを天気図で見てみましょう。
温帯低気圧は，寒気と暖気の間で発達し，「温暖前線」と，「寒冷前線」をともなう低気圧です。

 ◀ そうでした。
これは天気予報には大事ですね。天気がくずれる原因ですからね。

◀ では実際に，2014年3月4日，5日，6日の午後9時の天気図を見ていきましょう。
まず3月4日の天気図です。

◀ あっ，前線がいる。

◀ そう，温帯低気圧の発生は，前線があらわれることでわかります。**発生初期の前線は，温暖前線と寒冷前線が東西にのびた形**になっていますね。

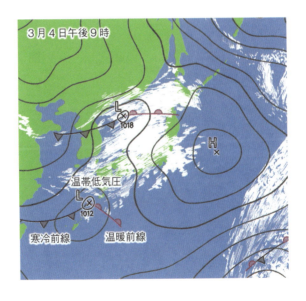

◀ これが、次の **3月5日の天気図**では、低気圧の発達につれて、**前線が折れ曲がっていきます。**

◀ なぜ前線が折れ曲がるんですか？

◀ **寒冷前線は動きが速く、温暖前線は動きが遅いという特徴があるため、寒冷前線と温暖前線の間がどんどん狭まっていくからです。**
このとき、前線付近では雲が発達していきます。

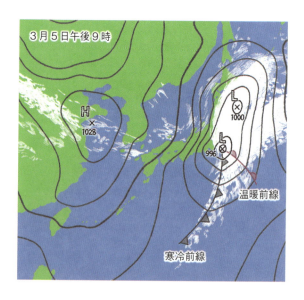

寒冷前線が温暖前線に追いつくとどうなるんですか？

 次の3月6日の天気図を見てみましょう。

 あっ，寒冷前線が温暖前線に追いついている。**前線が中心に吸い込まれていくみたい！**

 そうなんです。低気圧の中心に向けて，寒気と暖気が渦を巻いていき，同時に雲も渦巻き状になります。

◀ このあと、**完全に寒冷前線が温暖前線に追いつくと、停滞前線となり、低気圧は衰退していきます。**

温帯低気圧が衰退するまで、ずっと雨が降っているんですよね？

◀ ええ、日本ではそうです。
通常、発達期の低気圧が通るので、低気圧がくれば雨が降りつづきます。

◀ 日本では？

◀ はい。たとえば**イギリス**では、渦巻き状の雲をともなう衰退期の温帯低気圧が通過します。そのため、短時間で雨が降ったり止んだりをくりかえします。
同じ温帯低気圧でも、どの発達段階のものがやってくるかで、天気は変わるということです。

なるほど。どの段階なのかは天気図を見ればわかる、ってわけですねえ。

◀ 温帯低気圧の雲は特徴的な形をしているので、雲の衛星画像からも発達段階を推測することができます。

◀ 実際の天気予報の業務では，雲画像と天気図が，低気圧の位置や発達過程を推定するために活用されています。

◀ なるほど。
そういえば，台風のところでは，熱帯低気圧っていうのが出てきましたよね。
温帯低気圧とはちがうものなんですか？

◀ 温帯低気圧は，蛇行した偏西風のもとで，極域側の寒気と低緯度側の暖気がまざり合おうとして渦を巻いたものです。
一方，**熱帯低気圧は，温められた海上で，大量の水蒸気を含む空気が上昇することで発生します。**

◀ えー，ということは……？

◀ つまり，**温帯低気圧には二つの前線ができますが，熱帯低気圧は寒気と暖気がぶつかりあっているわけではないので，基本的に前線はもたない**ということになります。

◀ ああ，そうか。
つまり，天気図を見れば，温帯低気圧と熱帯低気圧を見分けることもできるんですね！

天気図を読んで，台風に備える

◀ 次は，台風の襲来を，天気図で見てみましょう。

◀ 台風のときの天気図の読み方，ぜひとも知りたいです！
いつやってくるのかとか，どれくらい強いのかとか，そういうのがわかれば，台風に備えることができますから！

◀ そうですよね。ではポイントを解説していきましょう。
右のページに，台風接近時の天気図を示しました。
まず，やってきた台風の勢力の目安となるのが，台風の中心気圧です。この数値が低いほど，台風の中心に向かって吹く風が強い傾向にあります。

◀ 数字が大きいほうが強そうですけど，その逆で，数字が小さいほど気圧が低くて，台風は強いんですね。

◀ そうなんです。1951年〜2014年第11号までの統計によると，これまで上陸直前に最も低かったのは，1961年の第2室戸台風が記録した925hPaでした。

◀ あ，それ聞いたことあります。

◀ このとき，高知県，室戸岬の観測所では，**最大瞬間風速で秒速84.5メートル**を記録しています。

◀ それって，どのぐらい強い風だったんですか？

4. 日本付近の前線の位置に注目
台風が南海上にあるときでも，前線が停滞していると大雨になりやすい。

3. 高気圧の位置に注目
台風の東に高気圧が位置していると，その間に強い南風を吹かせる。

1. 台風の中心気圧に注目

2. 台風の位置に注目

前線

高気圧

高気圧

台風

北東に進む台風
太平洋高気圧から吹きでる風と，偏西風の影響を受けて，台風は北東に進む。

台風による南風

南風が雨を降らせる

台風と高気圧の南風が合流

高気圧から吹きだす風

4時間目 天気予報のしくみ

◀ 「猛烈な台風」の基準が秒速54メートルですから，猛烈な台風の基準をはるかにこえる台風だったことがわかります。

◀ まさに記録的だったんですねえ。
中心気圧を見れば，そういった台風の強さがわかるんですね。

◀ はい。それから，**台風は反時計まわりに風が吹きこみますから，その東側は南風が吹いています。**
日本付近の台風は北東方向に向かうことが多く，その移動速度が加算されるので，**台風の風は東側でとくに強くなります。**

◀ へぇー，そうなんですね！
自分の住んでいる街の西を台風が通るときは，要注意なわけか。

◀ また，一般に，台風の中心に近いほど上昇気流がはげしく，雨が強くなります。
しかし，台風の中心から遠くはなれていても，台風の風によって大量の水蒸気が日本に運ばれ，豪雨をもたらすことがあります。このとき注意したいのは，台風の位置と，日本付近の高気圧の気圧配置と，前線の存在です。

◀ どういうことでしょう？

◀ 天気図を見たときに，西に台風，東に高気圧が位置していると，その間には強い南風が吹きます。
この南風が，太平洋上の水蒸気を日本列島に運びこみ，日本に豪雨をもたらすことがあります。
とくに，日本付近に前線があると，その北側の高気圧からの北風と，台風のまわりの南風がぶつかって，台風が南海上にあるときでも，日本で大雨になりやすくなります。

◀ 位置関係がわかると，台風がリアルに感じられるなぁ。

◀ 天気図は実際の気象の見取り図ですからね。
さらに，台風の進行方向に陸地がない場合，海水面の温度次第で，台風はさらに強くなる可能性がありますから，注意が必要です。

◀ いろいろな要素を見ないといけないですね。

◀ というわけで，台風接近時の天気図は，次のような手順で読んでみるといいと思います。

● memo

台風接近時の天気図の見方
1. 台風の中心気圧に注目する。
2. 台風の位置に注目する。
3. 周辺の高気圧の位置に注目する。
4. 日本付近の前線の位置に注目する。

◀ これに注意して見れば、台風がどれくらい危ないかが推測できるわけですね。

◀ そういうことです。
日本付近に台風が接近すると、テレビなどでは通常の天気予報に加えて、ここまでに示したような台風情報が発表されます。

◀ よし！ 今度台風がきたら、そういう情報をよくチェックしてみます。

専門家が使う「高層天気図」

◀ いよいよこの本も終わりに近づいてきました。最後のテーマはずばり高層天気図です。

◀ こうそうてんきず？

◀ はい。
先ほどまでは，新聞などでよく目にする，海抜0メートルの気圧を示した「地上天気図」を紹介してきました。
一方，「高層天気図」というのは，上空の大気のようすをあらわしたものです。主に専門家が使う天気図だといえるでしょう。

◀ 専門家が使う天気図！
ついにそんなものを紹介してもらえるレベルに達したとは。

◀ フフフ。がんばりましたね。
天気予報の業務では，高層天気図を見ながら，予報のシナリオづくりに役立てているんですよ。

◀ 地上天気図だけでもいろんな情報が載っていましたけど，あれでは不十分なんですか？

地上天気図を使えば，日本付近の天気のおおまかな傾向を知ることができますよね。
しかし，天気を左右する雨雲のようすは，上空の大気の流れ，とくに寒気の流入や温かく湿った気流の影響を強く受けます。そのため，地表面の気圧配置を見ても予測がむずかしいんです。

なるほど，それで上空の大気の情報が必要になるということですね。

そうです。
次の天気図が高層天気図です。
高層天気図は，見方に注意が必要です。
一般的に気圧は，高度1500メートル付近は850hPa，3000メートル付近は700hPaというように，同じ場所でも，高度が高くなるにつれて低くなっていきます。
そこで，高層天気図では，同じ気圧が上空何メートルにあるのかを，等高度線で示しているんです。

ん？ どういうことでしょうか？

たとえば，700hPaの高層天気図で「2880」と書かれていたら，その地点では高度2880メートルの気圧が700hPaだということになります。

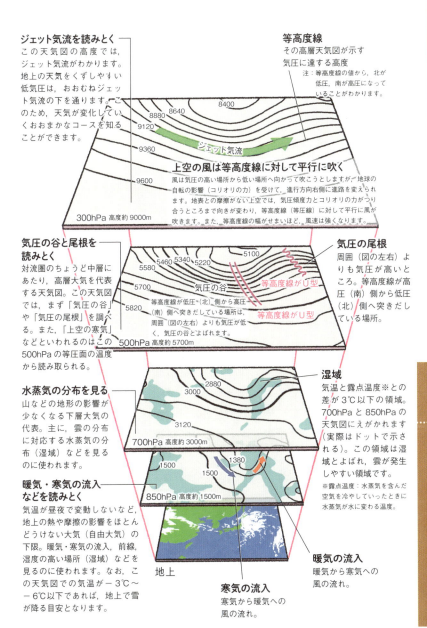

◀ ぐぬぬぬ。
頭がこんがらがりそうです。

◀ そうですよね。
地上天気図では等圧線がえがかれるのに対して，高層天気図には，同じ気圧を示す場所の「高度」を示した等高度線がえがかれています。<mark>高層天気図でも，「等高度線」の数値が高い地点ほど，周囲よりも気圧が高くなります。</mark>そのため，地上天気図と同じように見ることができます（次のページのイラスト）。

◀ むずかしい……。　高層天気図を読むポイントみたいなのはありますか？

◀ そうですね，たとえば，等高度線が低圧側から突きだしている場所は気圧の谷，高圧側から突きだしている場所は，気圧の尾根とよばれ，それぞれ，まわりより気圧の低いところ，高いところを示します（182ページのイラスト）。

◀ それがあると，どういうことがわかるんでしょうか？

◀ <mark>上空の気圧の谷と地上の低気圧の位置関係は，低気圧が今後発達していくかどうかの判断材料になります。</mark>

「高層天気図」でも，数値が大きい地点ほど気圧が高い

地上天気図で等圧線がえがかれるのに対し，高層天気図には同じ気圧を示す場所（等圧面）の「高度」を示した「等高度線」がえがかれています。等高度線の値が大きいところは，周囲よりも気圧が高いので，地上天気図と同じように見ることができます。

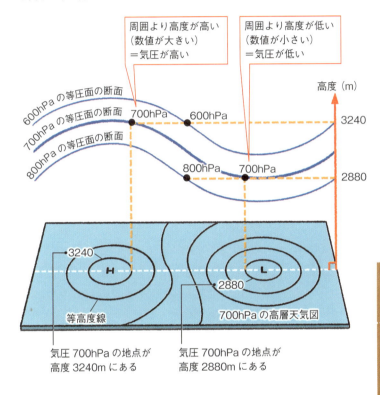

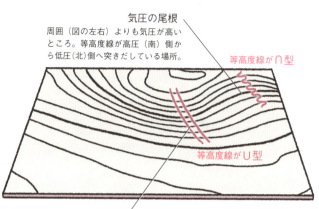

気圧の尾根
周囲（図の左右）よりも気圧が高いところ。等高度線が高圧（南）側から低圧（北）側へ突きだしている場所。

等高度線が∩型

等高度線がU型

気圧の谷
等高度線が低圧（北）側から高圧（南）側へ突きだしている場所は，周囲（図の左右）よりも気圧が低く，気圧の谷とよばれます。

◀ もし上空の気圧の谷が地上の低気圧の西にあれば，低気圧は発達していきます。一方，もし谷が真上にあれば，もう低気圧は発達できないことになります。

◀ 地上の気圧もあわせて，これからの天気を予想するってことですか。専門家の人たちはそういう**高度なワザ**を使っているんですねえ。

◀ そういうことですね。
それから，上空の気圧の谷は寒気をともなっていることが多いので，**上空に気圧の谷があると，地上に低気圧や前線がなくても，大気が不安定になり，天気がくずれやすくなります。**

地上だけでなく，上層の大気の状態まで把握しないと，天気の変化は予測できないんですね。

はい，そういうことです。
というわけで，専門家が使う高層天気図まで紹介したところで，この本は終わりです。
人類は長い歴史のなかで，生活に大きな影響をあたえる「天気」の秘密を解明しようとしてきました。そして，天気を予測する，つまり未来の天気を知ることを熱望して，努力してきたんです。

その努力の結果が現在の天気予報ということですね。
明日から空の雲や天気予報がまったくちがって見えると思います。
すごい体験をさせていただきました！

ここまで紹介したのは，天気や気象のごく初歩のお話です。もし，これで興味をもったら，もっと発展的な本に挑戦してみるのもいいと思いますよ。

はい！
先生，どうもありがとうございました！

Staff

Editorial Management	中村真哉
Editorial Staff	井上達彦, 宮川万穂
Cover Design	田久保純子
Design Format	村岡志津加（Studio Zucca）

Illustration

イラスト着彩	羽田野乃花,	33～34	羽田野乃花	100	松井久美
	松井久美	35～36	松井久美	104～111	羽田野乃花
表紙カバー	松井久美	41～44	羽田野乃花,	115～123	松井久美
	羽田野乃花		松井久美	126	Newton Press
生徒と先生	松井久美	48～58	羽田野乃花	130～133	羽田野乃花
10～12	松井久美	59	松井久美	138	羽田野乃花,
13～15	羽田野乃花	61	羽田野乃花		松井久美
17	松井久美	63	松井久美	141～173	羽田野乃花
18	羽田野乃花	65～85	羽田野乃花	176～182	松井久美
20～22	松井久美	87	松井久美		
26～30	羽田野乃花	88	羽田野乃花,		
31	羽田野乃花,		松井久美		
	松井久美	92～98	羽田野乃花		

監修（敬称略）：
渡部雅浩（東京大学教授）

本書は主に『東京大学の先生伝授 文系のためのめっちゃやさしい 天気』を再編集したものです。

知識ゼロから楽しく学べる！
ニュートン先生の

2025年3月10日発行

発行人	松田洋太郎
編集人	中村真哉
発行所	株式会社 ニュートンプレス　〒112-0012 東京都文京区大塚3-11-6
	https://www.newtonpress.co.jp/

© Newton Press 2025　Printed in Japan
ISBN978-4-315-52896-1